谢林著作集

先刚 主编

学术研究方法论

Vorlesungen über die Methode des akademischen Studiums

〔德〕谢林 著 先刚 译

图书在版编目(CIP)数据

学术研究方法论/(德)谢林著;先刚译. —北京:北京大学出版社,2019.1
ISBN 978-7-301-29688-2

Ⅰ.①学… Ⅱ.①谢…②先… Ⅲ.①学术研究—研究方法 Ⅳ.①G304

中国版本图书馆CIP数据核字(2018)第155302号

书　　　名	学术研究方法论 XUESHU YANJIU FANGFALUN
著作责任者	〔德〕谢　林著　先　刚译
责任编辑	王晨玉
标准书号	ISBN 978-7-301-29688-2
出版发行	北京大学出版社
地　　　址	北京市海淀区成府路205号　100871
网　　　址	http://www.pup.cn　新浪微博:@北京大学出版社
电子信箱	pkuwsz@126.com
电　　　话	邮购部 010-62752015　发行部 010-62750672 编辑部 010-62752025
印　刷　者	北京中科印刷有限公司
经　销　者	新华书店
	650毫米×980毫米　16开本　17.25印张　170千字 2019年1月第1版　2022年5月第3次印刷
定　　　价	75.00元

未经许可,不得以任何方式复制或抄袭本书之部分或全部内容。
版权所有,侵权必究
举报电话: 010-62752024　电子信箱: fd@pup.pku.edu.cn
图书如有印装质量问题,请与出版部联系,电话: 010-62756370

中文版"谢林著作集"说明

如果从谢林1794年发表第一部哲学著作《一般哲学的形式的可能性》算起,直至1854年在写作《纯粹唯理论哲学述要》时去世为止,他的紧张曲折的哲学思考和创作毫无间断地整整延续了60年的时间,这在整个哲学史里面都是一个罕见的情形。[①]按照人们通常的理解,在德国古典哲学的整个"神圣家族"(康德—费希特—谢林—黑格尔)里面,谢林起着承前启后的关键作用。诚然,这个评价在某种程度上正确地评估了谢林在德国古典哲学发展过程中的功绩和定位,但另一方面,它也暗含着一个贬低性的判断,即认为谢林哲学尚未达到它应有的完满性,因此仅仅是黑格尔哲学的一种铺垫和准备。这个判断忽略了一个基本事实,即在黑格尔逐渐登上哲学顶峰的过程中,谢林的哲学思考始终都与他处于齐头并进的状态,而且在黑格尔于1831年去世之后继续发展了二十多年。一直以来,虽然爱德华·冯·哈特曼(Eduard von Hartmann)和海德格尔(Martin Heidegger)等哲学家都曾经对"从康德到黑格尔"这个近乎僵化的思维模式提

[①] 详参先刚:《永恒与时间——谢林哲学研究》,第1章"谢林的哲学生涯",北京:商务印书馆,2008年,第4—43页。

出过质疑,但真正在这个领域里面给人们带来颠覆性认识的,乃是瓦尔特·舒尔茨(Walter Schulz)于1955年发表的里程碑式的巨著《德国唯心主义在谢林后期哲学中的终结》[1]。从此以后,学界对于谢林的关注度和研究深度整整提高了一个档次,越来越多的学者都趋向于这样一个认识,即在某种意义上来说,谢林才是德国古典哲学或德国唯心主义的完成者和终结者[2]。

我们在这里无意于对谢林和黑格尔这两位伟大的哲学家的历史地位妄加评判。因为我们深信,公正的评价必须而且只能立足于人们对于谢林哲学和黑格尔哲学乃至整个德国古典哲学全面而深刻的认识。为此我们首先必须全面而深入地研究德国古典哲学的全部经典著作。进而言之,对于研究德国古典哲学的学者来说,无论他的重心是放在四大家里面的哪一位身上,如果他对于另外几位没有足够的了解,那么很难说他的研究能够获得多少准确而透彻的认识。在这种情况下,对于中国学界来说,谢林著作的译介尤其是一项亟待补强的工作,因为无论对于康德、黑格尔还是对于费希特而言,我们都已经拥有其相对完备的中译著作,而相比之下,谢林著作的中译仍然处于非常匮乏

---

[1] Walter Schulz, *Die Vollendung des deutschen Idealismus in der Spätphilosophie Schellings*. Stuttgart, 1955; zweite Auflage, Pfullingen, 1975.

[2] 作为例子,我们在这里仅仅列出如下几部著作: Axel Hutter, *Geschichtliche Vernunft: Die Weiterführung der Kantischen Vernunftkritik in der Spätphilosophie Schellings*. Frankfurt am Main, 1996; Christian Iber, *Subjektivität, Vernunft und ihre Kritik. Prager Vorlesungen über den Deutschen Idealismus*. Frankfurt am Main, 1999; Walter Jaeschke und Andreas Arndt, *Die Klassische Deutsche Philosophie nach Kant: Systeme der reinen Vernunft und ihre Kritik (1785-1845)*. München, 2012.

的局面。有鉴于此,我们提出了中文版《谢林著作集》的翻译出版规划,希望以此推进我国学界对于谢林哲学乃至整个德国古典哲学的研究工作。

中文版《谢林著作集》所依据的德文底本是谢林去世之后不久,由他的儿子(K. F. A. Schelling)编辑整理,并由科塔出版社出版的十四卷本《谢林全集》(以下简称为"经典版")①。"经典版"《谢林全集》分为两个部分,第二部分(第11—14卷)首先出版,其内容是晚年谢林关于"神话哲学"和"启示哲学"的授课手稿,第一部分(第1—10卷)的内容则是谢林生前发表的全部著作及后期的一些手稿。自这套全集出版以来,它一直都是谢林研究最为倚重的一个经典版本,目前学界在引用谢林原文的时候所遵循的规则也是以这套全集为准,比如"VI, 60"就是指所引文字出自"经典版"《谢林全集》第六卷第60页。20世纪上半叶,曼弗雷德·施罗特(Manfred Schröter)为纪念谢林去世100周年,重新整理出版了"百周年纪念版"《谢林全集》②。但从内容上来看,"百周年纪念版"完全是"经典版"的原版影印,只不过在篇章的编排顺序方面进行了调整而已,而且"百周年纪念版"的每一页都标注了"经典版"的对应页码。就此而言,无论人们是使用"百周年纪念版"还是继续使用"经典版",本质上都没有任何差别。唯一需要指出的是,"百周年纪念版"相比"经典版"还是增

---

① F. W. J. Schelling, *Sämtliche Werke*. Hrsg. von K. F. A. Schelling. Stuttgart und Augsburg: Cotta'sche Buchhandlung, 1856-1861.
② *Schellings Werke. Münchner Jubiläumsdruck, nach der Originalausgabe (1856-1861) in neuer Anordnung*. Hrsg. von Manfred Schröter. München, 1927-1954.

加了新的一卷，即所谓的《遗著卷》(Nachlaßband)①，其中收录了谢林的《世界时代》1811年排印稿和1813年排印稿，以及另外一些相关的手稿片断。1985年，曼弗雷德·弗兰克（Manfred Frank）又编辑出版了一套六卷本《谢林选集》②，其选取的内容仍然是"经典版"的原版影印。这套《谢林选集》因为价格实惠，而且基本上把谢林的最重要的著作都收录其中，所以广受欢迎。虽然自1976年起，德国巴伐利亚科学院启动了四十卷本"历史-考据版"《谢林全集》③的编辑工作，但由于这项工作的进展非常缓慢（目前仅仅出版了谢林1801年之前的著作），而且其重心是放在版本考据等方面，所以对于严格意义上的哲学研究来说暂时没有很大的影响。总的说来，"经典版"《谢林全集》直到今天都仍然是谢林著作的最权威和最重要的版本，在谢林研究中占据着不可取代的地位，因此我们把它作为中文版《谢林著作集》的底本，这是一个稳妥可靠的做法。

目前我国学界已经有许多"全集"翻译项目，相比这些项目，我们的中文版《谢林著作集》的主要宗旨不是在于追求大而全，而是希望在基本覆盖谢林的各个时期的著述的前提下，挑选

---

① F. W. J. von Schelling, *Die Weltalter. Fragmente. In den Urfassungen von 1811 und 1813.* Hrsg. von Manfred Schröter. München: Biederstein Verlag und Leibniz Verlag, 1946.

② F. W. J. Schelling, *Ausgewählte Schriften in 6 Bänden.* Hrsg. von Manfred Frank. Frankfurt am Main: Suhrkamp, 1985.

③ F. W. J. Schelling, *Historisch-kritische Ausgabe.* Im Auftrag der Schelling-Kommission der Bayerischen Akademie der Wissenschaften herausgegeben von Jörg Jantzen, Thomas Buchheim, Jochem Hennigfeld, Wilhelm G. Jacobs und Siegbert Peetz. Stuttgart-Band Cannstatt: Frommann-Holzboog, 1976 ff.

其中最重要的和最具有代表性的著作,陆续翻译出版,力争成为一套较完备的精品集。从我们的现有规划来看,中文版《谢林著作集》已经有二十卷的规模,而如果这项工作进展顺利的话,我们还会在这个基础上陆续推出更多的卷册(尤其是最近几十年来整理出版的晚年谢林的各种手稿)。也就是说,中文版《谢林著作集》将是一项长期开放性的工作,在这个过程中,我们也希望得到学界同仁的更多支持。

  本丛书得到了教育部人文社会科学重点研究基地项目"《谢林著作集》的翻译和研究"(项目批准号15JJD720002)的资助,在此表示感谢。

先　刚

北京大学外国哲学研究所

北京大学美学与美育研究中心

译者序

谢林于1802年夏季学期在耶拿大学开设了"学术研究方法论"这门课程，翌年又将其讲稿出版。这门课程和这部著作在当时造成了巨大影响，究其主要原因，大致就如谢林自己归结的那样：首先，它对于"随后的或至少是未来的学术机构的建制"提供了重要启发；其次，它以一种"更适合普遍理解的讲授方式"阐述了谢林的"同一性哲学"视角下的科学整体以及这个整体与科学的各个特殊分支之间的关系（V, 209）。

谢林在本书中所说的"学术机构"（Akademie），不是指那种以单纯研究为导向的"科学院"，而是如这个词语的原型——柏拉图的"学园"——所标示的那样，指一种兼备科研和教学用途，同时肩负科学使命和道德使命，在整个社会生活中扮演着至关重要的角色的文化机构。实际上，这就是我们现代意义上的"大学"（Universität）。相应的，本书中的"学术研究"（akademisches Studium）也不仅意味着通常意义上的科学研究，而且意味着"大学里面的学业"，而谢林在这里提出的"方法论"构想，既是对于一般意义上的科学研究的指导，也是对于大学里面的教学制度的具体安排。

诚然，对于19世纪初的人们而言，七百多年前已经诞生的大学算不上什么新鲜事物，然而在漫长的数百年时间里，大学虽然也在缓慢地进步，但在总体上并未摆脱最初的行会气息，而且其主导精神完全是"实用至上"，因此整个大学里面充斥着迂腐的学究和那种完全以谋生为目的的"面包学者"，至于那些最具有聪明才智的人，几乎都是在大学之外活动。

谢林并不否认大学一直发挥着"传承知识"的作用，只不过这些知识一方面只是意味着见多识广，另一方面支离破碎，以致人们完全遗忘了"知识本身"亦即"科学"的真正意义和价值。要改变这个局面，首要的责任落在"学术机构的永恒组成部分亦即教师"（V, 228）身上。大学教师要赢得社会和学生的尊重，自己必须配得上这份职业，即他们必须首先通过精神领域的辛苦劳作，成为真正意义上的学者和教师。这里看起来有一个悖论，真正意义上的学者和教师不可能从天而降，而是只能由已有的陈腐学术机构培育出来，这又如何可能呢？谢林不赞同那种认为简单地通过清洗或"换血"就解决问题的幼稚想法，而是一针见血地指出，一切的关键仅仅在于学术自由："人们只需给予这些人精神上的自由，不要用一些根本不适用于科学关系的顾虑来限制他们，在这种情况下，这些教师就会自己教育自己，他们不但能够满足那些要求，而且反过来有能力教导别人。"（V, 228-229）接下来的问题当然是，这些教师究竟通过什么方式做到自我教育？在谢林看来，学者应当自觉地融入"普遍精神"，认识到各种专门的科学都是一种绝对科学（谢林亦称之为"原初知识")的个别呈现,从而在普遍理念的指引下揭示出每一门特殊科学的真正内涵,并且与其他科学融会贯通——这绝不是意味着贬低特殊科学,将其仅仅当作绝对科学的手段,而是指"在整体的精神里面对待自己的特殊专业",唯其如此,他们才能够一方面把自己的特殊领域当作自在的目的本身,另一方面恰恰更好地呈现出这个特殊领域里面的普遍者和理念(V, 232)。

大学要获得学术自由和精神自由,必须得到国家的认可。众所周知,大学和其他社会机构一样,都是国家的工具,都必须为国家服务。古往今来莫不如此。谢林一方面承认,国家为了达到自己的目的,必定会制造一种"内在的分裂",即"通过把个别天赋孤立起来并使之相互对立而形成的分裂;国家必定会压迫如此众多的个体性,把他们的力量导向如此众多不同的方面,以便把他们改造成对国家自身更为有用的工具"(V, 235)。但另一方面,谢林也指出,国家绝非仅仅有这个目的,而是"也愿意看到学术机构确实是一些具有科学意义和价值的机构"(V, 229),退一万步讲,即使要培养工具,最好的办法也是通过"科学"而进行。就此而言,"只要国家追求的是最优秀的东西,它就必然会追求理念的生命,追求一种最为自由的科学运动"(Ebd.)。在这种情况下,国家应当,并且能够容忍科学在大学里面行使自治权,尤其是让那些最优秀的知识精英掌权,让各种喧嚣鼓噪的浑水摸鱼者和倚老卖老的平庸之辈退位。"科学王国不是民主制,更不是寡头制,毋宁说,它是最高贵意义上的精英制"(V, 237)。

科学的精英王国在建制上依赖于科学自身的结构。谢林追随笛卡尔的观点,把整个科学比喻为"原初知识"逐步生枝发芽而长成的一棵巨大的"知识之树"。(V, 215)无疑,这里的"原初知识"就是哲学,特别是那种在不同层面上揭示出思维与存在的一致性的"同一性哲学",因此她是所有别的科学的根基和归宿。在本书中,谢林用整整三讲的内容专门讨论哲学研究的意义和独特方法,驳斥那些流行的针对哲学的反对意见,尤其是坚决捍卫了哲学相对于各种"官方科学"(神学、法学和医学)而言的独立性和优越性。传统的大学由哲学系、神学系、法学系和医学系构成,其中哲学系是"低级系",仅仅提供基础的逻辑思维训练,而直接为意识形态或生活实践服务的神学系、法学系和医学系则是"高级系"。康德在1798年的《系科之争》(*Der Streit der Fakultäten*)中首次挑战后面三个系(尤其是神学系)的权威,指出它们应当接受作为"自由科学"的哲学的监管和批判,因此哲学系才应当是真正意义上的"高级系"。与此相反,谢林却承认"神学系必定是第一系科和最高系科","至于哲学系,我的看法是,根本就没有,也不可能有这样一个系。"(V, 284)这些说法乍看起来与谢林全力推崇哲学的做法完全相左,但实际上,谢林的真正观点是,哲学和艺术既然是自由科学的典范,那就已经超出了一般意义上系科的范畴,因此它们应当形成一个"自由联盟"或"艺术联盟"(Collegium Artium),即今天我们所说的"人文学院",而人文学院应当是大学里面具有最高地位的一个独立王国。(Ebd.)

除了哲学之外,按照各门科学在观念世界里面的高低层次和内在秩序，谢林依次讨论了数学、神学、历史学、法学、普遍自然科学、物理学、化学、医学、普遍的有机自然科学的研究方法，最后讨论了艺术科学与整个学术研究的关系。在这个过程中，谢林对于各门科学提出了大量深刻洞见，尤其是其中关于基督教、神学、艺术的许多重要思想一直延续到他晚年的神话哲学和启示哲学。这些洞见和思想如此之丰富，可以说任何概要都比不上让读者亲自去领略一番。正如谢林自己指出的，"在某种意义上，这个大纲可以说代表着一部普遍的科学百科全书。"（V, 247）通过百科全书的形式来呈现出大全一体的世界，这是那个时代精神的一致追求，无论是早先诺瓦利斯的《大全装订书稿——百科全书素材》（*Das Allgemeine Brouillon. Materialien zur Enzyklopädistik*, 1798/1799），还是后来黑格尔的《哲学科学百科全书大纲》（*Grundriß der Enzyklopädie der philosophischen Wissenschaften*, 1817），都是其相应的体现。当然，谢林同时也承认，由于讲授课形式的限制，他在这里的目的不是要提出一个"立足于最高本原，以最严格的方式推导出来的知识体系"，而是希望"呈现出全部科学相互之间的联系，呈现出一种客观性，这种客观性是那个内在的、有机的统一体通过大学的外在部门而维系起来的"。（Ebd.）真正说来，谢林在这段时期最完整的关于体系的阐述是他1804年在维尔茨堡大学讲授的《全部哲学尤其是自然哲学的体系》（*System der gesamten Philosophie und der Naturphilosophie insbesondere*，亦称"维尔茨堡体系"），但这个体系阐释的重心已经不在于各个"学科研究"之间的联系以及它们和"大学的外在部门"的关系。

尽管如此,谢林在本书里面提出的大学的"科学使命和道德使命",还有他对于大学内部的各门科学之间的有机关系的详细阐述,都在当时的知识界造成了巨大影响,尤其是对于威廉·冯·洪堡的现代大学理念的形成产生了重要作用。在普鲁士的开明政府的支持下,洪堡于1809年筹建第一所现代意义上的大学,即柏林大学,而谢林的《学术研究方法论》(1803)和费希特的《论学者的使命》(1794)及康德的《系科之争》(1798)一起,被看作是洪堡的教育思想的理论指针。

除了《学术研究方法论》之外,本卷亦收录了谢林于1802年发表的几篇重要论文,即《论自然哲学与一般意义上的哲学的关系》《论哲学中的建构》《论哲学视域下的但丁》。这几篇论文涉及的问题与《学术研究方法论》相互呼应,更全面地展示了谢林的"同一性哲学"的思想。

本卷中的《学术研究方法论》一书曾经在我的一门德国古典哲学原著精读课上被用作教材,以训练学生逐字逐句阅读和准确理解德语原著的能力。这部分的翻译就是在这门课上完成的。在这个过程中,倪逸偲、施林青、阿思汗、孔博琳、邱信翰等同学对我的译稿提出了一些有益的修改意见,在此提出感谢!

先　刚
2018年1月于北京大学人文学苑

目 录

论自然哲学与一般意义上的哲学的关系(1802)……………… 1

论哲学中的建构(1802) ……………………………… 27

论哲学视角下的但丁(1802) ………………………… 61

学术研究方法论(1803) ……………………………… 79

人名索引 ……………………………………………… 256

主要译名对照 ………………………………………… 259

谢林著作集

论自然哲学与一般意义上的哲学的关系

(1802)

F. W. J. Schelling, *Ueber das Verhältniß der Naturphilosophie zur Philosophie überhaupt*, in ders. *Sämtliche Werke*, Band V, S. 106-124. Stuttgart und Augsburg 1856-1861.

这篇论文的目的是揭露一些针对自然哲学的成见和意见。[V, 106] 它们要么是起源于一种片面的、错误的哲学观点，要么是起源于一种肤浅的、完全缺乏科学性的态度。

诚然，这里谈论的是自然哲学与一般意义上的哲学的关系，但是人们绝不能认为这是一种从属关系：哲学是一个完整的、不可分割的东西；如果一个东西不是这种意义上的哲学，换言之，如果一个东西仅仅从哲学那里搬运来自己的本原，但在别的方面却完全远离了哲学的对象，并且仅仅追求一些不同于哲学目的的目的，那么这个东西就不能叫作哲学，从更严格的意义上来说，也不能叫作一种哲学科学。

从这个角度来看，一切人为制造出来的差别都是一种空洞的、纯粹观念性的东西，毋宁说，只有唯一的一个哲学，只有唯一的一个哲学科学；至于那些所谓的有别于哲学的"哲学科学"，仅仅是依据不同的观念性规定或"潜能阶次"（Potenz）——我希望从一开始就使用这个著名的术语——来呈现唯一的、不可分割的哲学整体。

哲学的完满现象只能出现在全部潜能阶次的总体性里面；正因如此，哲学的本原，作为全部潜能阶次的同一性，本身必然不具有任何潜能阶次。尽管如此，绝对统一体的这个无差别之点仍然包含在每一个单独的特殊统一体里面，正如所有统一体 [V, 107] 都会在每一个统一体里面再现。哲学的建构活动的目标不是要把严格意义上的潜能阶次（亦即各个相互有别的潜能阶次）建构起来，而是要在每一个潜能阶次那里呈现出绝对者，表明每一个单独的潜能阶次同样是一个整体。在一个封闭的、有机的哲学整体内部，其个别部分之间的关系，类似于在一个完满建构起来的诗歌作品内部，其不同形态之间的关系，在其中，虽然每一个形态都是整体的一个环节，但毕竟是整体的一个完满映像，因此在其自身之内同样是一个绝对的、独立的东西。

你们可以把个别潜能阶次从整体里面提取出来，单独对待；但是，除非你们在这个潜能阶次那里现实地呈现出绝对者，否则这个呈现本身并不是一种**哲学**；在任何别的情况下，如果你们仅仅把它**当作特殊的**潜能阶次来对待，并且为它（作为特殊的潜能阶次）建立起各种法则或者规则，那么这个呈现只能说是一种关于特定对象的理论，比如一种关于自然界的理论，或一种关于艺术的理论等等。为了在总体上认识到上述情况，你们需要注意到一点，即全部对立和差异都仅仅是一些不同的形式，它们作为相互有别的东西，是缺乏本质的，只有当它们形成一个统一体，并且作为一种实实在在的东西（因为全部形式的统一体不可能仍然是一个特殊东西），才会在自身内反映出绝对整体，反映出宇宙。反之如果像现在这样，你们把各种法则建立在作为特殊东西的特殊东西上面，你们就恰恰通过这个方式让你们的对象远离了绝对者，让你们的科学远离了哲学。

真正意义上的自然哲学就是完整的、不可分割的哲学。自然界是一种客观的**知识**，当它把那个包含在自然界里面的无差别之点表现出来，就是**真理**，而当它把那个包含在观念世界里面的无差别之点表现出来，就是**美**。因此我们可以说，这种从理论方面来看的完整哲学,就是自然哲学。①

诚然,从另一个角度来看,那种关于自然界的理论(即思辨物理学)也是从自然哲学那里拿来自己的原理。但我们在这里不去关心这件事情,完全不去理睬它们之间的关联。因为我们这里谈论的是真正意义上的、**自在的**自然哲学,而不是那个仅仅由此推导出来的东西,而人们几乎总是把这个东西与自然哲学混为一谈。

[V, 108]

依据这些解释,我们只能在下面的意义上谈论自然哲学与哲学的关系:要么自然哲学的理念与某个东西(即人们心目中的哲学)相关联,要么自然哲学作为一个绝对的东西被看作是完整哲学的一个必然的整合部分。

然而"完整哲学"本身又可以在一个双重的视角下来考察:要么从**纯粹科学**的视角出发来考察,要么从**她与世界的关联**出发来考察,后者主要体现在两个方面,一个与宗教有关(在这里,宗教作为思辨本身已经转变为一种稳固的、客观的直观),另一个与道德有关(在这里,道德是各种思辨理念在行动中的一个客观表现)。②

至于诗,由于它尚未成为人类(或至少是一个完整的族类)的事务,尚未成为一个民族的大全一体,所以本身只能在各种关

---

① 参阅《思辨物理学杂志》第2卷,第2册,第127页,见《谢林全集》第4卷第212页(IV,212)注释。——原编者注
② 参阅前一篇论文"吕克尔特和魏斯,或一种不需要思维和知识的哲学",《谢林全集》第5卷第98页(V, 98)。——原编者注。译者按,在这篇论文里,谢林批评了吕克尔特(Joseph Rückert)和魏斯(Christian Weiß, 1774—1853)在其新近发表的著作中鼓吹的宗教信仰和不可知论观点。

联中得到考察；无条件的、普遍有效的关联点只能是刚才提到的宗教和道德，基于这个理由，我们当前的考察也是限定在这两个东西上面。

I

人们从自己喜欢称之为"哲学"的那种东西出发，对自然哲学做出各种扭曲的评价。这些评价和一个顽固的基本谬误紧密纠缠在一起，而这个基本谬误几乎可以说是近代所有努力的基础，甚至是那些试图扭转局面的努力的基础。既然如此，为了公正地评价自然哲学，人们必须溯本追源。

这个基本谬误在某种意义上同时也是整个近现代文明的核心，因此对于那种从这个谬误出发、脱离了由普遍理念构成的领域的哲学而言，任何地方都不存在一个衔接点。历史的线索本来能够引导某些人从一种形式的哲学走向另一种形式的哲学，但这个线索在这里断裂了，因此他们必须回归到一个比预料的还要更早的时代，以便找到那个衔接点。有些人从某一个方面来看确实是哲学家，但通常说来，他们只能从自己的局限性出发做出评价；此外还有一些自诩为哲学家的人，根本就不是哲学家，而他们唯一能做的事情就是基于历史材料做一番对比研究。就此而言，除非这些人找到一个点，在那里超越于全部事物之上，并且能够评价自然哲学的根据和目标，否则他们的相关意见根本就不值得重视。

最简单地说，这些人迄今为止仍然不能超越的那个点，就是这样一个无条件的要求:"**承认自身之外的绝对者!**"从全方位规定了后世的整个文明的基督教的影响来看,一旦人们把绝对者纳入到最内在的主观性之内,就必然会直接产生出一个相反的做法,即让神性完全超越那个因为失去生命本原而变得僵化的世界。关于这个问题,这里就不展开讨论了。同样,我们也没有必要进一步解释,那个要求之所以拥有一个深刻的、不可克服的根基,原因恰恰在于,人们无比深切地感受到了一种极端的宗教败坏状态(Irreligiosität),也就是说,有些人远离上帝,把他当作一个位于世界之外和之上的实体,同时以为,既然已经把"虔敬"作为最高贡品拿到世界之外献祭给上帝,就能够反过来在这个世界里面保留一双更为自由的手,并且能够在最普通的意义上观察和使用自己的手。

或许大家已经很了解,全部独断论,尤其是最近一段时间以来,雅各比的絮絮叨叨和莱茵霍尔德的武断宣言,其唯一的原因就是那种不可根除的欲望。但迄今为止大家还不太了解的是,那个完全相反的要求,"**坚持绝对者之外的自我**",对哲学而言也造成了完全一样的后果,至于人们为什么没有明确注意到这一点,原因在于:人们在承认最初本原的同时,坚持认为绝对者是一个信仰,也就是说,由于从理论的角度来看,绝对者无论如何只能位于自我**之内**,仅仅是自我的**对象**,所以它只能**在实践的意义上**被看作**独立于自我,位于自我之外**,并在这个意义上被纳入到哲学之内。通过这个方式,人们获得了一个好处,就是能够以一种否定的、摧毁的态度**对抗**那种主张自身之外有一个绝对

[V, 110]

者的**独断论**,同时并不因此就承认一个真正位于自我**之内**的绝对者,这个绝对者不可能存在,否则它就会消灭作为特殊形式的自我。①

事情本身很明显,当独断论把绝对者设定在自身之外,这就包含着一个内在的、隐蔽的要求,即自我应当保持在绝对者之外;同样,只要人们承认有一个位于绝对者之外的自我,并且把这个自我当作本原,这也必然会导致一个后果,即把绝对者设定在自我之外。接下来的阐述或许能够表明,**后果**本身就是根据的一个内在**动机**。

这个转向意味着独断论的一个**颠转**,通过这个方式,人们在理论哲学里面拒绝承认"自在体"(An-sich)。这并不意味着,自我仿佛真的把自在体设定在自身之内,或把自身设定在自在体之内,毋宁说,自在体被彻底颠覆了,它的实在性被完全抛弃了,**原因在于**,自在体本身作为思想物(Gedankending)始终是一个可以设定在自我之内的东西,因此是自我的一个产物。

这就等于明确地提出了一个要求:"**自在体必须独立于自我,存在于自我之外,这样才能够是一个实实在在的东西**。"也就是说,独断论的整个前提已经昭然若揭。

有些人之所以坚持和宣称那样一种哲学是**唯心主义**,甚至是一种**完满的**唯心主义,据说原因在于:1)这种哲学否认任何自在体(绝对的观念东西);2)它是**基于这个理由而做出否认**,即自

---

① 参阅《思辨物理学新刊》第 1 卷,第 1 册,第 26 页,见《谢林全集》第 4 卷第 356 页(IV, 356)。——原编者注

在体只有作为**自在之物**,作为自我的一个**他者**,随之只有按照一种独断的实在论的观点,才是可以设想的。这个非常有特色的错乱认识起源于康德的传统——此外我们可以证明,康德完全有权利从另一个角度出发把自己的哲学称作"唯心主义"——,但主要还是起源于如下情况,即普通知性在听到"个别的感性事物并非存在于知性之外"这句断言时做出的强烈反应,因为按照一种心照不宣的共识,这些事物的实在性是一件非常重要的事情。在这种情况下,人们把"**否认事物的实在性**"看作是一种特殊的哲学的本质特征,而这种哲学只有通过这个否认才配得上"唯心主义"的头衔。

[V, 111]

但是,按照这种**唯心主义**的整个意图,自我应当停留在自己的经验整全性之内——自在体之所以被抛弃,之所以必须被看作是位于自我之外,原因恰恰在于,自我应当**独自**存在着——;这种唯心主义给自己建立了一条基本法则,即除非纯粹意识在**经验**意识中被给予,否则它不会承认什么纯粹意识,而由于经验意识离不开客体的刺激,所以这种唯心主义不得不通过一个在理论上**不可理解的阻碍**,或者说借助于一些**不可理解的**、把自我封闭起来的**限制**,把如此之多的感觉设定在自我之内(有多少客体,相应地就有多少感觉);从这个方面来看,自我是被动接受的,同时也是实践的;就自我具有"理智"这一性质而言(理智的内在行为是一个来回的自身运动),通过它的直观,"光滑""粗糙""甜"或"苦"之类的性质被设定在空间之内——也就是说,那种来回的自身运动的普遍形式以外在的方式被直观到——,然后沿着各个平面扩张,总之就形成了一个具体的物。

很显然,诸如这样一些通俗之见,还有那样一个关于自然界的观念——按照这个观念,自然界在感觉里面是绿的和黄的等等,并且在感觉里面产生出各种圆的或正方形的客体——,当然不需要一种自然哲学。不过更加值得注意的是那样一种妄想,即把偶性当作一种完全具有经验实在性的东西保留下来,然后把它们所依附的本质或实体深埋在自我之内,仿佛这样一来,偶性就已经是一种毋庸置疑的、完全稳固妥当的东西,而自然界因此就被取消了。

[V, 112] 毫无疑问,在这种形式的哲学里面,无论自然界还是自然哲学都是根本不能立足的。就后一种情况的原因而言,事情并不是像乍看起来的那样,仿佛自然哲学建立了一种经验实在论,毋宁说,自然哲学根本就不承认那种在自我的感觉里面建立起来的经验实在论,而是以自然界的**自在体**和理智因素为目标;自然哲学所坚持的,既非自然界和自我的对立,亦非自然界的**位于自我之外**的存在,而是一种把**二者**共同包揽进来的绝对同一性;在自然哲学看来,不管是"不可理解的阻碍",还是"不可理解的限制",都没有包含着一个真正的限制;一言以蔽之,真正的原因在于,自然哲学是一种**绝对唯心主义**。

我们必须更加仔细地学习那种哲学[①]的实践方面,这样才能够明确地发现,那种哲学的唯心主义和独断论是什么关系。

那种哲学主张:从理论的立场来看,哲学是唯心主义,但从

---

① 指费希特哲学。——译者注

实践的立场来看,**实在论**把自己建立起来,重新拥有自己的各种权利。

这个主张表明,它根本不打算把唯心主义真正提升到绝对性(基于这种绝对性,唯心主义本身就把实在论包揽在自身之内①),也就是说,它根本不打算真正扬弃唯心主义和实在论之间的对立。进而言之,由于那个实践的立场仍然保持着它在理论上的观点——顺便指出,只有那种站在实践的立场上以思辨的方式提出来的东西,才有可能是一种现实的哲学——所以从这个方面来看,整体必然也会重新消融在这样一种唯心主义里面,它坚持认为,自我位于绝对者**之外**,因此绝对者也位于自我之外。

我们把问题以最尖锐的方式提出来:究竟是什么东西驱使着这种唯心主义在实践哲学里面寻找实在论?——这个东西就是它关于"**实在论**"的概念,根据这种实在论,自我必须把绝对者放在**自身之外**,换言之,如果绝对者应当是一个**实实在在的**东西,那么它必须**独立于自我**。

这种实在论认为,唯有当自我屈从于绝对者,成为绝对者的 [V, 113] 奴隶,绝对者才会具有实在性;而为了让它心目中的这种实在性得到实现,绝对者在形态上必须显现为一个绝对命令,相应地,自我在形态上必须显现为对于这个命令的无条件的接受和采纳。——唯有义务的定言因素能够避免那个在理论哲学里面打

---

① 参阅《谢林全集》第4卷第370页(IV, 370),即《思辨物理学新刊》第1卷,第1册,第46页。——原编者注

转的游戏,因为它总是作为**思想物**而被设定在自我之内,随之成为自我的产物——也就是说,**正因为**绝对者在这个情况下保留着"绝对地位于自我之外"这一性质,所以它是一个实实在在的东西!

然而从事实来看,自我从来都没有真正接纳那个定言因素和无限者,因为,假若自我真的这样做了,自我和绝对者之间的那个不可避免的、必然的、期待中的对立就会被扬弃了;也就是说,绝对者将被重新设定在**自我之内**,随之不再是一个实实在在的东西。因此,**如果要维持一个体系**,上述关系就必须在一个无限的进程里面不断推延,而且时间**不可能**包含着永恒性,有限者也**不可能**把自己放置在无限性前面。①

但是,自我具有各种感觉和感受,这意味着它是一个经验自我,并且与纯粹自我(即纯粹意愿本身)相对立,仅仅与之形成一个相对的统一体。正因如此,这些感受必须被预先规定为一种与理性存在者的实践目的相吻合的东西。光不是神性本原在自然界里面的绽现,不是那个内化在自然界之内的永恒原初本质的象征,毋宁说,光的存在是为了让理性存在者——它们的身体是由一种坚韧的和可变形的物质构成的——在相互交谈的同时能够看到彼此,正如空气的存在是为了让它们在看到彼此的同时能够相互交谈。这些理性存在者本身也是绝对理性的受限的现象,和任何别的东西一样都是经验性的,而且从它们的行为举止来看,人们实在不懂它们有什么理由主张自己具有一种优先

---

① 此处及随后可参阅《费希特—谢林通信集》第97、105页。——原编者注

性。就此而言,理性存在者是宇宙里面的普遍树干,整个有限性就是嫁接在这个树干上面。而在绝对同一性里面,每一个理性存在者的普遍的和特殊的局限性都被预先决定了,到最后,自然界也被完全包揽在其中。接下来我们将阐明,绝对同一性究竟是什么东西。

关于"绝对者",北方的蛮族语言只能从"善"或"好"那里借来一个对应说法,同样,"道德的世界秩序"这个说法也仅仅是以一种改头换面的方式表现出同样的贫困——不是语言的贫困,而是哲学的贫困。如果"绝对者"不具有一种思辨的意义,而是仅仅具有一种道德的意义,后者就必然会投射到一切东西上面,以至于宇宙也被归结为一个道德上有条件的世界,而在这种情况下,自然界余下来的美和辉煌就全都瓦解了,不具有任何意义,因为自然界在绝大多数情况下都仅仅由"光滑"和"粗糙"、"绿"和"黄"等等构成,正因如此,我们才会制造出"光滑的东西"和"粗糙的东西",制造出"绿的东西"和"黄的东西"。

至于"上帝"的理念,和前面所说的没有任何不同,因为上帝只有基于这个关系(即义务关系)才是永恒地位于自我之外。同理,只有基于一个道德秩序,自然界才会被筹划出来并具有实在性,因为只有在自然界里面,每一个个体的普遍的和特殊的局限性才会得到规定;借助这些局限性,个体亲自筹划自己的世界,因为一般说来,他的世界就是他的义务的范围,而如果没有定言命令,就绝不会有任何世界。

在这些地方,那个真正思辨的问题始终没有得到解答,即那个绝对的"一",那个绝对单纯的永恒意志(万物从它那里流溢而出),如何扩散为"多",然后又从"多"那里重新诞生出一个统一体,诞生出一个道德**世界**?把绝对的"一"阐述为一个**意志**,并不能化解这个问题;这样一些观念性规定对于哲学来说是完全偶然的,根本不能推进思辨。

[V, 115]   只要这个哲学真的把它心目中的绝对者当作自己的本原,那个问题就是一个无法绕开和无法回避的任务,遗憾的是,它又时刻提防着这个绝对者。它采取了一个方便的做法,就是把整个有限性和自我同时接受下来,除此之外,它和独断论还有一个共同点,即二者都是把绝对者当作一个结果,当作一个需要论证的东西,只不过独断论仅仅从世界推导出上帝(其理由是,如果没有上帝,世界就是不可理解的),而这个号称"唯心主义"的哲学之所以接受上帝,仅仅为了协调各种道德目的,也就是说,根本不是**为了上帝自己**。假若人们只是为了在道德世界里面达到完满,或为了能够一般地解释世界,才接受上帝,那么这种意义上的上帝终究是可有可无的;在这种情况下,上帝不是作为绝对者,不是作为全部理念之理念,通过自身就把绝对实在性直接包揽在自身之内,毋宁说,他和理性存在者之间仍然是一种片面的关联。

这个哲学的唯一特色在于,它为那个具有悠久历史的分裂提供了一个**新的形式**;这样的形式是不可胜数的,但没有哪一个能够屹立不倒,毋宁说每一个形式按其本性而言都是一个转瞬即逝的东西。这个哲学虽然不能奠定任何坚实稳固的东西,但自视甚高,因为它——在思想里面——用它的自我来对抗自然元素的猛烈冲击,对抗宇宙中的亿万个日月星辰。通过这种自吹自擂,这个哲学成为一种时髦,成为时代的一个干瘪空洞的果实;曾经有一段时间,时代精神都在吹捧这个空洞的形式,然而一旦时代精神自身陷入低谷,它就和它所吹捧的东西一起湮沉下去。

唯有那种扬弃了全部分裂的东西,才是**坚实稳固的**,因为只有它才是真正意义上的单一体,并且始终保持为同一个东西。唯有从它那里才能够发展出一个真正的知识大全,发展出一个无所不包的形态。只有那个从无限者和有限者的绝对统一体里产生出来的东西,才能够直接通过自身而掌握象征式呈现(symbolische Darstellung),也就是说,掌握每一个真正的哲学所追求的东西,即在宗教里面以客观的方式成为新颖直观的一个永恒源泉,成为所有行动的一个普遍范型,按照这个范型,人们在行动中力图表现并且描绘出宇宙的和谐。

II

前面所述已经清楚地揭示出自然哲学与这样一种唯心主义 [V, 116] 的关系,后者虽然否认感性实在性,但在除此之外的所有方面都与独断论相对立。

我们可以证明,如果不考虑少数伟大现象的例外(我们在这里不可能讨论它们,因为它们已经遭到普遍的误解和打压),那么可以说,自从笛卡尔的二元论以来——在它那里,那种早就存在着的分裂只不过是以一种自觉的、科学的方式表达出来——，哲学和世界观里面最近发生的所有变化，都仅仅是唯一的对立的不同形式，这个对立始终没有得到克服，而且对于迄今的文化而言根本就是不可克服的。与此相反，由于自然哲学只能出自一个绝对同一性体系，并且只能在这个体系里面得到理解和认识，所以她在通常所谓的"人类普遍关切的东西"那里，在那种仿佛是哲学的共同财富的东西那里，总会遭遇到矛盾，这就不足为奇了。

诚然，我们必须绝对地谴责那种由迄今的各种哲学体系所提供的宗教关系和道德关系。但是如果人们由此得出一个结论，仿佛我们在根本上就谴责这些关系，这就完全错了我们的哲学路线。毋宁说事实正相反：在我们看来，如果一种哲学不是**按其本原而言**已经是宗教，我们根本就不承认它是一种哲学；正因如此，我们谴责那样一种对于绝对者的认识，它仅仅是那样一种哲学的**结果**，这种哲学不是思考自在的上帝，而是思考处于一个经验关系中的上帝；在我们看来，道德的精神和哲学的精神是同一个精神，正因如此，我们谴责这样一种学说，它认为理智因素和自然界一样，都仅仅是道德的手段，并且恰恰因此本身必然不具有道德的内在本质。

[V, 117] 为了让人们理解接下来所说的话，我们有必要指出，在我们看来，脱离历史关系而思考真正意义上的宗教，这根本就是一件不可能的事情。这个看法一点都不稀奇，只要人们一般地形成一个习惯，即从一些更高概念的角度出发来看待历史因素，超出

普通知识所认识到的经验必然性,将其提升为一种无条件的、永恒的必然性,通过这种必然性,一切总的说来属于历史的东西,还有一切属于自然界的历程的现实东西,都已经预先被规定。近代世界的宗教的普遍精神之所以成为这样一个特定的精神,这既不是出于偶然,也不是出于一个有条件的必然性。诚然,那个在我们之前已经没落的世界有着自己的一条精神路线,与现在的普遍精神相对立,但这个情况在世界命运的普遍计划中,在那些规定着人类历史进程的永恒法则中,已经得到彰显和奠基。

基督教萌生于一种感觉,即感觉到世界和上帝的分裂,因此它的目标是与上帝达成和解,不是通过把有限性提升到无限性,而是通过无限者的有限化,通过上帝之转变为人。基督教最初出现的时候,已经把这个统一确立为信仰的对象:信仰是一种把无限性当作前提而接受下来的内在确定性;通过这种自身回溯,基督教本身就暗示着自己是一个萌芽,这个萌芽只有在无尽的时间里面,伴随着世界的各种规定,绽放开来;从整体上来看,那些偏离了这条信仰路线的情况,还有一切居间状态,都是不值一提的;我们只需关注那些普遍的和伟大的现象。

基督教的全部象征都展示出它的使命,即以形象的方式呈现出上帝和世界的同一性。基督教的独特做法是在有限者那里直观到上帝,这个直观起源于基督教的最内在的本质,而且只有在基督教里面才是可能的。诚然,这个做法也曾零星地出现在基督教之前和之外,但这只不过是证明了基督教的普遍性和必然性,同时也证明了,历史中的各种对立和所有别的对立一样, [V, 118]

都仅仅是一种暂时占据统治地位的东西。

　　一般说来,我们可以把这种希望在有限者那里直观到无限者的思虑称作神秘主义。神秘主义和抗议宗一样,即使在一种最为针锋相对的东西那里,也能够借助一些新颖的(从某些方面来看更为晦涩的)形式而绽放出来;这就以一种最为明确的方式证明,神秘主义是一种必然的、通过基督教的最内在的精神而彰显出来的直观方式。诚然,基督教的神秘主义者与当时的主流观点相矛盾,甚至被当作异端而遭到驱逐,但这件事情的真正原因在于,他们希望把信仰转化为直观,希望提前摘下时代的尚未成熟的果实。诚然,近代世界所普遍追求的目标,就是要全盘坚持对立,也就是说,在那种并非知识的信仰里面保留一种客观的对立,同时在无信仰里面保留一种主观的对立。尽管如此,这并不能证明最初的路线是错误的,因为这条路线在信仰里面本身就暗示着未来的一种明确的直观。

　　基督教神秘学(Mystik)与异教处于一种最为对立的关系之中;在基督教内部,隐秘宗教本身就是显白宗教,反之亦然,但在异教徒的神秘学(Mysterien)那里,绝大部分表象本身就具有一种神秘的性质。如果不考虑异教徒神秘学的那些更为晦涩的对象,那么可以说,希腊人的整个宗教和诗都和一切神秘主义无关。在基督教内部,或许恰恰是为了让它的最初路线达到更为完满的塑造,必然会出现这种情况,即那种愈来愈趋近于诗、变得晶莹透明的天主教神秘学必须让位给抗议宗的散文,唯其如此,抗议宗内部才会诞生出一种具有最为饱满的形式的神秘主义。

　　鉴于基督教和异教的明确对立,我们可以把它们看作是两个相互对峙的、仅仅通过不同路线而区分开来的统一体。异教的统一体意味着,自然事物直接就是神性东西,有限者完全被吸纳或内化到无限者里面。当对立双方直接融为一体的时候,如果还要谈论什么路线,那就是,在异教那里,宗教直观和诗的直观开始于有限者,终结于无限者。从有限的方面来看,可以说希腊神话完全只是有限者或自然界的一个图示化;只有在一个统一体里面,当希腊神话已经归顺于有限性,它才是一种象征性的东西。反之,从无限的方面来看,基督教的特点在于反思或反映,在自然事物里面直观到神性东西,基督教的统一体意味着,无限者内化到有限者之内。基督教的使命位于一个非常遥远的地方,这个使命的完成看起来需要一段不确定的时间,这些都是由基督教的本性决定的。希腊神话所赖以立足的统一体可以被看作是一种尚未遭到扬弃的同一性,这个统一体是最初直观的源头,它的辉煌就和那个无辜年代一样,必然只能维持短暂的时间,随后看起来无可挽回地走向沉沦。基督教的使命已经以一种绝对的分裂为前提,无限性中的有限者是一种诞生出来的东西,无限者在和有限性的对立中通过自由而成为一个绝对的东西,而且当它发生分裂的时候,也是绝对地分裂自身。"统一"环节不可能和"分裂"环节合为一体:无限的概念首先通过分裂而被放逐到无尽的远方,然后又被召唤回来,而在这两个环节之间,必然有一些居间状态,但这些状态并不能规定整体的意义和

[V, 119]

路线。

　　总的说来,全部对立都将终止存在,每一个单独的东西在其自身之内都将是一个绝对的东西。因此毫无疑问,即使沿着基督教所遵循的那条路线,另一个统一体(它意味着无限者被吸纳到有限者之内)也能够升华为希腊宗教的开朗和美。基督教作为对立面仅仅是一条通向完满性的道路;当它达到完满的时候,就把自己作为对立面而加以扬弃;在这种情况下,人们真正重新赢得天国,宣告一种绝对的福音。

[V, 120]

　　无论什么宗教,都必须具有上述两种直观之一,也就是说,要么让有限者直接化身为神,要么在有限者那里直观到上帝。在宗教里面,这个对立是唯一可能的对立,因此其中只有异教和基督教,除了二者之外,就只剩下二者共同具有的绝对性。异教在神性东西和精神性原型那里直接看到自然事物,基督教则是看穿了自然界(仿佛这是上帝的无限身体),直达上帝的最内在的精神。二者都认为,只有以自然界为根据和源头,才能够直观到无限者。

　　当前这个环节的时间,对于时代的全部教化而言,对于人类的科学和作品而言,已经是一个如此引人注目的转折点。至于宗教是不是也将面临同样的转折点,以及,当基督教的那些应时应景的、单纯外在的形式变得支离破碎,行将消失的时候,是不是意味着真正的福音时代即将来临,宣告世界和上帝的和解——这些问题必须交给每一个理解了"未来"的迹象的人,让他们自己做出回答。

一个新的宗教已经在某些个别启示里面宣告自身,它返回到基督教的最初奥秘,让基督教达到完满。通过自然界的重生,我们已经认识到,这个宗教是永恒统一体的象征。远古分裂的最初和解和消融必须在哲学里面得到庆祝,至于哲学的意蕴和意义,只有当一个人在哲学里面认识到重新复活的神性的生命,才会有所领悟。

III

　　从普遍的历史学角度出发而进行哲学考察,这对于某些人来说至少有一个用处,即让他们清楚地意识到自己的哲学思考的狭隘形式,而他们在进行哲学思考的时候,本来以为已经触及普遍精神的边界。至于另外一些人,虽然他们没有能力通过自由的自主行动而把自己提升到理念的层次,但这个考察至少能够给他们提供普遍的评判标准,让他们在当前时代的局促范围内认识到哲学的各种形式和路线。 [V, 121]

　　把绝对分裂当作是哲学的本原,这是一个转折点;相应地,人们对于自然界的观察方式也被规定下来,这种观察方式在近代世界占据支配地位。古代科学和自然界的关系里面仍然透露出尚未遭到扬弃的同一性;古代科学仅仅从事观察,因为唯有自然界保持着对象的完整性和不可分割性。把艺术分离出来,把自然界看作是人为安排的结合和分割,这些都是后世文明的发明。诚然,与经验打交道的普通行为是完全盲目的行为,尽管如此,最初的光明已经以更普遍的方式唤醒了这种行为,并且滋养着一种想要探究自然界的更高贵的冲动,而正是这种本能深深地影响着后世的感觉,力图把已逃遁的生命重新召唤到自然界之内。古人几乎没有认识到,或者说很少注意到普遍自然界的那些活生生的现象,而近代的人们已经见证了那个封闭在自然界之内的生命,所以他们带着狂热的心态把这些现象抓取过来。虽然从一个方面来看,这个狂热表明,近代的人们相比文明教化的古人而言仍然具有一种原初的粗俗性,但从另一个方面来看,它同时也揭示出了一种不可抵挡的必然性,即人类精神必须沿着这条路线前进。

我们必须克服近代观察自然界的方式,克服那种未经教化的严肃和那种模糊的多愁善感,以便重新回到希腊人的开朗的、纯粹的直观自然界的方式。我们已经跨越了最初的同一性,不可能简单地返回那里,因此现在唯一的办法,就是在一个更高的潜能阶次上面,通过思辨和再度扬弃分裂,重建那个已经迷失的同一性。

[V, 122]　　有些鼠目寸光的人,不理解普遍教化和它的各种表现形式之间的联系,于是急忙指责自然哲学是一种无神论;但这根本不能阻止自然哲学成为直观上帝和认识上帝的一个新的源泉。此外还有一个更为廉价的指责,竟然宣称自然哲学是反道德的或非道德的,与之相伴的是一些有气无力的道德说教,这些说教远离上帝的全部理念,先是排斥宗教,现在又企图排斥哲学。这种道德化又和一种科学中的粗俗联系在一起,后者以经验的方式来理解自我和自然界的统一体,随之把自然哲学理解为一种自

然主义,反过来把唯心主义理解为一种利己主义。如果一种哲学完全出自纯粹理性,并且仅仅位于理念之内,那么她必定是从真正的道德能量当中爆发出来的;与此相反,那种鼓吹道德的做法却以理性和思辨为敌。从原则上来说,道德就是指灵魂从陌生的、质料性的东西那里解放出来,无需借助于别的东西,仅仅通过纯粹理性就把自己提升为已规定的存在。灵魂的这个净化也是从事哲学思考的条件。就此而言,全部事物的伦理关系和理智关系仍然是同一个关系,它与纯粹的、绝对普遍的理性相关联,既不需要质料,也不需要居间的东西或陌生的中介。

这样看来,对于自然界的真正合乎道德的考察同时也是一种真正合乎理智的考察,反之亦然。如果道德关系排斥理智关系,它就不再是道德关系。二者在本原里面是合为一体的,没有真正意义上的先后之分;只有在经验的意义上,才有先后之分;从我们在时间里面的生成转变来说,道德是第一位的东西,通过它,我们进入理智世界,在其中认识到我们自己。所谓的"天赋知识",仅仅意味着无限者或普遍者内化到我们的特殊本性里面;道德上的要求本身就指向一个目标,即我们必须把自己的特殊东西内化到纯粹普遍者、本质、无限者之内;关键在于,知识与道德的这个对立仅仅适用于时间里面的知识和行动。**真正的知识**摆脱了无限者在有限者那里的单纯映像,转向**自在体**(An- sich)或原初知识;沿着这条路线,特殊东西必须完全内化或消融在普遍者之内,也就是说,灵魂必须达到道德的纯粹性。反过来,真正的道德(而不是那种仅仅具有否定意义的道德)必

[V, 123]

须让灵魂在理念世界里面安家落户,把它当作自己的家园。道德一旦脱离理智,就必然是一种空洞的东西,因为它只能从理智那里拿来行动的质料。因此,一个人必须净化自己的灵魂,直到能够分享原初知识,否则他同样不可能达到最终的道德完满。对他来说,纯粹的绝对普遍者是一个外在的东西;在这种情况下,他本人仍然深陷在污浊的泥淖里面,受困于各种特殊的感性经验。

柏拉图在《斐多》(第152页)说:"所谓'净化',就是使灵魂尽可能摆脱身体,使灵魂习惯于从所有方面避免与身体接触,专注于自身,并且尽可能固守在自身之内。所谓'**死亡**',就是指灵魂通过这个方式摆脱身体。**那些真正的哲学家**所毕生追求的,就是这样的解脱。"① 在这个对于净化的追求中,道德和哲学相遇了。这条走向解脱的道路不是单纯去否定有限性,仿佛有限性是灵魂的一个桎梏,因为通过这个否定的概念,有限性并没有被克服。这里还需要一个肯定的概念,需要一个对于自在体的肯定的直观;因为,如果一个人知道,自然事物和神性东西的分裂仅仅是假象,身体的灵魂仅仅在不完满的认识中区分开来,但在自在体之内却是同一个东西,他会全力以赴追求苏格拉底所赞美的那种死亡,通过这个方式达到永恒的自由和真正的生命。至于那些在纯粹普遍者或无限者和灵魂之间划出一条鸿沟的人(无论这条鸿沟是怎样的情形),要么根本没有能力依靠自己的意识而跨越鸿沟,要么只能依靠意识而把某种陌生的东西

---

① 参阅柏拉图《斐多》(67c-d)。——译者注

（比如质料或诸如此类的东西）混杂进来，因此他们绝不可能真正摆脱那个限制，绝不可能把有限者和身体当作一个肯定的、真正现实的东西扛在身上稳步前进。灵魂的真正凯旋和最终解脱只能寄希望于绝对唯心主义，而且只能寄希望于严格意义上的实在东西的绝对死亡。 [V, 124]

那些对哲学的道德原则肆意造谣中伤的人，既不知道灵魂的目标是什么，也不知道灵魂在走向净化的过程中需要经历哪些层次。灵魂经历的第一个层次，是"渴慕"；也就是说，自然界为了在自身之内接纳不朽本质的印记，必然同时也成为完满性的坟墓。当灵魂发觉失去了至善，就和塞雷斯（Ceres）一样，急忙在燃烧的山脉上点燃火把，然后翻江倒海四处搜寻，直到一切都徒劳无功，最终精疲力竭来到**厄流希斯**（Eleusis）。这是第二个层次；值得庆幸的是，洞察一切的太阳神做出启示：永恒善藏匿在哈得斯（Hades）的地府里面。灵魂获得这个启示，就过渡到最终的认识，以求助于永恒的父亲；然而即使是众神之王，也没有能力打破这个坚不可摧的链条，但是他允许灵魂通过一些产物来缅怀失去的善，这些产物是永恒光明的亮光通过自己的中介而撕开地府的阴森怀抱，从中抢夺出来的。①

---

① 根据古希腊神秘学的记载，谷物女神德墨忒尔（罗马名字：塞雷斯）的女儿佩耳塞福涅被冥王哈得斯劫走，强娶为妻。德墨忒尔四处搜寻而不得，悲痛欲绝。在寻找女儿的过程中，德墨忒尔来到厄流希斯，受到当地人的热情款待，德墨忒尔感其恩情，为其传授宇宙及人生之奥秘，是为"厄流希斯神秘学"。最终经过宙斯的调解，佩耳塞福涅虽然不能全身而退，但每年可以在一段时间内（春季和夏季）返回阳间，与母亲团聚。关于这个神话的具体内容及相关的哲学意义，可参阅先刚：《哲学与宗教的永恒同盟——谢林<哲学与宗教>释义》，北京大学出版社，2015年，第52—54页。——译者注

论哲学中的建构

(1802)

F. W. J. Schelling, *Ueber die Construktion in der Philosophie*, in ders. *Sämtliche Werke*, Band V, S. 125-151. Stuttgart und Augsburg 1856-1861.

本杰明·卡尔·霍伊尔:《论哲学建构,作为哲学讲授录之导论》(*Abhandlungen über die philosophische Construktion, als Einleitung zu Vorlesungen in der Philosophie*),译自瑞典语。斯德哥尔摩:希费尔斯多尔朋出版社,1801年。汉堡:佩尔特斯出版社代销。①

这部著作以一种非常清晰的方式提出并且阐明了一个主要观点,即哲学为了成为一种完满的科学,关键在于什么地方。总体而言,每一个读过这部著作的人都会赞成这个观点:即除非"建构"这一方法以最严格的方式被引入到哲学里面,否则哲学既不可能跨越康德的批判主义的局促界限,也不可能沿着费希特开辟的道路继续推进,直到成为一种肯定的、无可争辩的哲学。

对于科学的哲学而言,一种关于"哲学建构"的学说未来将会成为其最重要的篇章之一:不可否认,很多人之所以没有办法为推动那种科学的哲学的进步而做出贡献,就是因为他们缺乏"建构"(Konstruktion)的概念,反过来,坚持一种严格的、从最初的前提出发而展开的建构,是一个最有力的手段,它既可以帮助我们克服那种虚假的自由,即满足于哲学里面的机智言论,打着哲学的旗号鼓吹单纯的推理,也可以帮助我们克服那种把全部观点混淆在一起的做法,即把真实的东西和虚假的东西混为一谈,使其难以分辨。

某些哲学思考之所以还保留着一种外在的整体性,原因仅

---

① 本文是谢林为瑞典哲学家霍伊尔(Benjamin Karl H. Höyer)的上述著作所撰写的书评。——译者注

仅在于，它们不愿意走上那样一条道路，不愿意经受科学建构的考验。然而恰恰是在哲学里面，质料和形式根本不能分开，而在这种情况下，一个忽视了形式方面的体系必然会在同等程度上忽视内容方面。哲学真正关心的事情，不是某个东西被认识到，而是这个东西出于什么理由而被认识到。在人们触及真正的绝对者之前，怀疑主义者们的那个座右铭必然始终是有效的："每一个理由都面临着一个针锋相对的理由。"不可否认，在一些从形式方面来看最拙劣和最荒诞的体系里面，也会出现真正哲学的个别命题；问题在于，这些命题在其中根本不具有科学价值，不具有任何意义和内涵。当人们发现，某些在整体上完全混乱不堪的东西居然也包含着个别真理，其内心里面就产生出一种最为狭隘的刚愎自用和一种最为顽固的无知，以至于他们认为，为了证明哲学是一种毫无价值的东西，唯一的办法就是去摧毁形式（假若可能的话）。

因此，形式一方面确保哲学家不至于陷入谬误和散漫铺陈，另一方面在哲学家的手中成为一件非常重要的、甚至是唯一的武器，用来反抗"半吊子哲学"和"非哲学"——这两个东西都不可能对形式提出诉求，因为形式会把它们的空洞彻底暴露出来。

基于同样的理由，只要一种哲学不能证明自己已经掌握了一个绝对的形式，就暂时还不能被看作是一种真正的和绝对的哲学。换言之，由于这样一个绝对的形式尚且根本不存在，所以，只要一种哲学还没有认识到**本质和形式是不可分割的**，并且把这个认识当作自己的指北星和本原，那么她的任何路线和努力都不能被看作是一种真实的东西。

斯宾诺莎是一个伟大的例子。他把几何学方法应用到哲学里面,但其目的却不是在于完善这个应用。这就造成了一个他意料之外的后果。那些没有理解斯宾诺莎的精神的人,认为斯宾诺莎的错误主要是起源于这个形式,从此以后,这个形式就被看作是一种与宿命论和无神论紧密相关的东西。 [V, 127]

如果说斯宾诺莎犯了错误,那么其错误在于,他没有足够彻底地回溯到建构的根本,虽然他没有忽视形式,但却大大忽视了哲学的纯粹观念性方面。独断论的情形和几何学方法的情形是一样的,也就是说,既有一种外在的独断论,也有一种内在的独断论,既有一种形式上的独断论,也有一种本质上的独断论。本质上的独断论的唯一特征在于,它把各种反思形式应用到绝对者上面。只要人们不是在字面上拘泥于斯宾诺莎的各种证明,就会发现,这种独断论和斯宾诺莎主义的最内在的精神是完全相悖的,毋宁说,斯宾诺莎主义是一个和独断论体系针锋相对的体系。这一点可以得到严格的阐明。斯宾诺莎没能避免一种形式上的独断论,他的哲学缺乏"怀疑主义"这一必然的要素:哲学完全置身于**无限者**的领域之内,因此她不像数学那样还得服从于一个更高的映像,而是把全部映像统一在自身之内,就此而言,她自己的本质的映像也必须始终陪伴着她;哲学不仅仅是一种知识,毋宁说,她始终并且必然是一种对于这种知识的知识,只不过后者不是仅仅处于一个无尽的进程中,而是始终立足于当前存在着的无限性。①

至于**沃尔夫**的哲学,我们不打算谈论。这个哲学从任何角度来看都是一种独断论,除此之外,它对于几何学方法的各种外在形式的应用也是拙劣而枯燥无味的,这些做法不可能激发起"建构"的理念。

我们转向**康德**,他把哲学里面的演示方法仅仅理解为一种具有独断论意味的逻辑分析,并且在他的先验方法论里面专门用一个章节来批判这个方法在哲学里面的应用。

[V, 128]　　就"建构"的最普遍的概念而言,或许康德是第一个以哲学的方式深刻而真切地理解把握到它的人。他始终把建构看作是**概念**和**直观**的同化(Gleichsetzung),认为这需要一种非经验性的直观,这种直观一方面作为直观,必须是个别的、具体的,另一方面作为一个概念的建构,必须表达出一种普遍有效性,适用于这个概念下面的所有可能的直观。就"三角形"这个普遍概念而言,相应的对象究竟是在纯粹直观里还是在经验直观里勾画出来,这是完全无关紧要的,也就是说,在这两种情况下,对象都能够完满地表达出概念的普遍性。原因在于,即使在经验直观那里,我们所关注的也仅仅是概念的自在且自为的建构行为本身。如此等等。

到此为止,康德完满地表述了"建构"的理念,以及全部自明性的根据。遗憾的是,康德随后否认哲学里面的建构是可能的,

---

① 参阅《布鲁诺》,《谢林全集》第 4 卷第 290 页(IV, 290),或 1842 年单行本第 143 页。——原编者注

其理由是，这种建构仅仅与一些缺乏直观的纯粹概念打交道，但与此同时，他又承认数学能够通过一种非经验性的直观而进行建构。这就清楚地表明，康德在数学这里真正重视的，仅仅是**经验的**方面，即与感性事物的联系，反之在哲学那里，他根本不关心这件事情。当人们宣称，哲学仅仅局限在一些与直观毫无关系的纯粹概念上面，那么他们必须首先证明，不可能存在着一种与哲学的概念相契合的**非经验性的**直观；康德否认哲学具有这种非经验性的直观，因为这将必定是一种理智直观，而在他看来，全部直观都必然是感性直观。但很明显，在数学直观那里，那个绝对的**普遍者**，作为普遍者和特殊东西的统一体，并不是一种感性东西，毋宁说它是纯粹的理智东西本身。因此对康德而言，数学直观之所以是独一无二的，完全是基于自己的感性关系，换言之，因为数学直观是一种**以感性的方式**反映出来的理智直观；这样一来，数学的建构不仅需要一种非经验性的直观（亦即理智直观），还需要一种特殊的对于感性关系**本身**的直观。

既然康德承认几何学具有一种非经验性的直观，他就不可能把数学和哲学的绝对差别建立在这一点上，即对于哲学来说，必定也有一种非经验性的直观，毋宁说，他认为哲学根本没有这种直观。真正说来，数学和哲学的差别在于，数学家使用的是在感性中反映出来的理智直观，反之哲学家仅仅使用那种纯粹的、在其自身之内反映出来的理智直观。在康德看来，空间是几何学的基础，时间是算术的基础，但真正说来，空间和时间都是完全的理智直观，只不过前者在有限者那里，后者在无限者那里表

[V, 129]

现出来。康德的整个哲学包含着某些理由，使得他认为那种绝对的、自在的理智直观是遥不可及的；这些理由有些已经是众所周知的，有些将会通过接下来的阐述而变得更加清楚。

康德在谴责建构和纯粹理智直观的时候，逃遁到一些自相矛盾的说法里面，比如，他所说的"**先验想象力**"和"**统觉的纯粹综合**"本身已经包含着一种现实的理智直观，又比如，正如这部著作正确指出的那样，他先是不厌其烦地宣称，概念仅仅是客体的间接表象，一旦脱离客体，就是一种绝对空洞的东西，随后他本人却把哲学限定在一些纯粹推理式的概念上面。——为了避开这些自相矛盾的说法，这里只提出一个问题，即数学（在它那里，理智直观能够以感性的方式表现出来）相比哲学而言，究竟具有什么优点？很明显，数学的优点只不过在于，它能够无需任何理智意识，仿佛从一开始就掌握了自己的各种建构，并且偶尔能够得到一种外在的感性直观的支持（假如人们需要这个支持的话）——坦白地说，一个真正的哲学家根本不可能去羡慕数学家的这些"优点"，正因如此，柏拉图肯定没有说过，**为了直观到本质性的东西，为了把自己从变动不居的东西那里提升上来**，哲学家必须学习几何学。

[V, 130]　　假若人们愿意和本书作者一样，承认几何学家具有一个优点，即他除了拥有一个指引着他的注意力的图像之外，同时还拥有一个**符号**，可以把他的自在流动着的（？）行为固定下来，并且帮助他立即发现自己的推论过程中的错误，那么首先，正如本书作者本人已经指出的那样，这个优点在数学的另一个分支上面

显然遭到了遏制,因为那里没有客体的图像,毋宁只有一个符号,以及量的比例关系,而且在代数学里面,甚至只有比例关系的比例关系;其次,我们可以期待,除了数学的特殊的象征表述和字符表述之外,人们是否能够发明一种普遍的象征系统或字符系统,以此实现莱布尼茨已经提出的那个理想;很显然,人们已经取得了一些进展,它们证明这样一种发明是可能的。

接下来我们谈谈那些最重要的理由(这些理由在康德那里已经表述出来),它们作为一种占据支配地位的观念,阻碍着**哲学里面的**建构,随之阻碍着哲学成为科学。

第一个理由是普遍者与特殊东西的绝对对立,康德不得不承认,数学的建构已经扬弃了这个对立,但他坚持认为,哲学反而不能消除这个对立。康德说:"数学知识在特殊东西里面考察普遍者,反之,哲学**仅仅在普遍者里面考察特殊东西**。"(《纯粹理性批判》第742页)对于这个说法,我们有必要做出几点评论。首先,由于自在地看来,普遍者和特殊东西的任何真正的同一性都是**直观**,所以虽然在一种情况下,特殊东西在普遍者里面呈现出来,在另一种情况下,普遍者在特殊东西里面呈现出来,但这并不意味着,前一种情况不是直观,毋宁说,它们仅仅是**两种**不同的直观。如果人们把"普遍者"理解为一种纯粹的知性式普遍者或推理式普遍者,那么很显然,**这两种直观**恰恰已经现实地出现在数学的两个分支里面:算术表达出了普遍者里面的特殊东西(即个别的量之间的比例关系),几何学表达出了特殊东西里面的普遍者(即一个形状的概念)。正因如此,我们可以发现,普

[V, 131]

遍者和特殊东西的反题所造成的一切可能的对立，都落入到数学里面，而哲学与数学根本不是一种对立的关系；如果说在数学里面，建构划分为两个方面，那么在哲学里面，建构则是位于一个绝对的无差别之点，或更确切地说，数学只能**要么**在特殊东西里面呈现出普遍者，**要么**在普遍者里面呈现出特殊东西，反之哲学既不是前一种情况，也不是后一种情况，毋宁说，哲学**在一种绝对无差别中把两个统一体呈现出来**，而这两个统一体在数学里面看起来已经是分离的。

关于"普遍者"，还有另一个理念，一个康德既没有认识到，也不会认可的理念，尽管他从传统那里拿过来一种关于"哲学"的说法（这个意义上的"哲学"无疑是按照那个理念而勾勒出来的），即根据这个理念，哲学确实可以被看作是**特殊东西在普遍者里面的呈现**。

在这里，普遍者是一个本质上的、绝对的普遍者，不是概念，而是理念；如果我们在康德的意义上把普遍者和特殊东西理解为反思中相互对立的东西，那么可以说，这个理念本身就把它们包揽在自身之内，正如在另一方面，那个出现在几何学里面的特殊东西不但包含着作为形式要素的特殊东西，而且包含着普遍者。但在这个意义上，普遍者作为普遍者和特殊东西的统一体，本身已经是直观的对象，确切地说，一个纯粹理智的对象，亦即理念；然而康德不承认这个意义，因此他也不可能把哲学解释为特殊东西在普遍者里面的呈现。

前面我们已经指出，几何学和算术的差别在于，前者在特殊东西里面呈现出普遍者,后者在普遍者里面呈现出特殊东西。严格说来,这个差别并不是出现在真正意义上的建构里,而是出现在另外一种关系里,因为真正意义上的建构在数学和哲学那里始终是普遍者和特殊东西的一个绝对的、**实在的**同化。① 在几何学里面,特殊东西根本不是指一个画在纸上或别的什么地方的经验的三角形,而是指**纯粹直观的三角形**(这也是康德自己的观点);真正说来,建构仅仅关心这个意义上的三角形,至于经验的三角形,则是表现为一个偶然出现的,根本不值得关注的东西;然而**这个**特殊东西恰恰是一个已经**在普遍者里面呈现出来**的特殊东西,就此而言,理念或实在的普遍者和它不属于一个仅仅形式上的统一体,而属于一个**本质上的**统一体。② [V, 132]

令人无比诧异的是,康德居然指责哲学家不但也具有一个几何学的**概念**,并且和几何学家争着去建构这个概念。他说:"人们不妨把'三角形'的概念交给哲学家,让他按照自己的方式来探寻,三个内角之和与直角是什么关系。现在,哲学家手里没有别的东西,只有一个封闭在三条直线之内的形状的概念,以及三个角的概念。他尽可以长久地思索这个概念,但他拿不出任何新的东西。他能够分析和澄清'直线''角''三'等概念,却不能得出别的属性,因为这些属性根本没有包含在这些概念里面。唯有几何学家才会解决这个问题……"康德能说出这些话,真是太聪明了,但他为什么不反过来要求几何学家去建构"美"

---

① 参阅《学术研究方法论》,1803年第1版,第97页;亦参阅第92页。——原编者注
② 参阅《思辨物理学新刊》第1卷,第2册,第24页,见《谢林全集》,第4卷第405页(IV, 405)。——原编者注

"公正""等同",甚至"空间"之类理念呢?无疑,几何学家在做这些事情的时候,其表现绝不会优于哲学家对于三角形的建构。康德的这些说法,就好比把颜料和画笔塞在音乐家的手里,让他用这些东西来演奏音乐,或把乐谱和乐器塞在雕塑家的手里,让他用这些东西来制作一座雕像,而假若对方做不到这一点,他就可以证明对方不是一位艺术家。

[V, 133]　　按照康德的那些说法,同时还可以推出,哲学家既然限定在概念上面,就只能以分析的方式处理概念。但这究竟是康德的观点呢,还是说他在写后面章节的时候,忘记了前面的章节?

真正说来,那与康德自己的体系精神相契合的,是另外一些说法,然而这些说法全都是在重复同一个对立,即推理式概念和直观之间的对立,以及统一体与杂多性之间的对立。

康德已经把一切**先天的**杂多奉送给数学,因此对哲学来说,只剩下两个东西:一个是**纯粹的知性**,另一个是**经验的杂多**,但后面这个东西作为经验的东西,又被排除在哲学之外。因此哲学只能两手空空地出发,确切地说,从一个空洞的知性出发。——哲学只能依靠一个不确定的杂多(比如另外一些人所说的质料),**在缺乏客体**的情况下进行建构。这等于是说,哲学根本就不进行建构。

换句话说,哲学掌握在手里的先天概念**仅仅**是这样一些概念,它们包含着可能的直观的综合(随之仅仅包含着直观的**可能性**),在这种情况下,人们确实能够做出先天综合判断,却不能进行建构。——没错,**依靠**这些概念,人们不可能进行建构,但是人们能够建构出一些**概念**,只不过它们既不是**综合的**概念,也不是推理式概念,也就是说,不是一些与直观中的现实性相对立的概念;总的说来,这些概念只能在理念里面建构起来,比如"原因和结果"的概念只能在"可能性和现实性的绝对统一体"这一理念里面建构起来,而"可能性和现实性"的概念本身又只能在"主观东西和客观东西的绝对统一体"这一理念里面建构起来,如此等等。①

康德的所有那些说法必然形成一个观点,按照这个观点,人类精神仅仅包含着一些空洞的概念和一些经验的直观,二者之间有一个绝对的鸿沟。从先验方法论的这个部分及其内容来看,康德根本不可能为他自己的举动做出充分的辩解,比如他究竟是通过什么方式而获得那些综合的概念。没错,康德从未把这些概念建构起来,因为他其实是按照类比的方式从经验那里搬运来这些概念。我们完全不能理解,康德凭什么如此自信地提出这样一个前提:"为了认识那些概念,不需要一个更高的源头,以便按照一种必然的、真正先天的方式理解那些概念。"——建构里面的倒退,或者说(因为人们不承认这种情况),全部思维里面的倒退,不可能停止下来,除非建构者和被建构起来的东西——思考者和被思考的东西——在某一个点绝对地合为一体。只有这一个点才能够叫作建构的**本原**。然而对于那些概念来说,这是不可能的,因为毫无疑问,通过哲学反思而思考那些概念,和

[V, 134]

---

① 参阅《布鲁诺》,《谢林全集》第4卷第246页以下(IV, 246 ff.)及第249页以下(IV, 249 ff.),或1842年单行本第58页以下及第63页以下。——原编者注

按照那些概念来进行思考(这些被思考的东西在康德的分析论里面是真正**被建构起来的东西**),这是两码事。对于后一种情况而言,可以说那些概念就是本原,但对于前一种情况而言则并非如此。因此那些概念仍然完全位于建构的范围——或者说整个哲学的范围——之外,除非依靠之前描述的那种契合,否则这个范围根本不可能确定下来。

也就是说,有些概念本身就是被建构起来的东西,或至少不能被看作是建构的本原。当人们把这些概念当作建构的**手段**,这就证明,他们完全离不开那些单纯反思性的、派生出来的东西,更何况他们根本不可能**借助**这些概念而进行建构。几何学家同样不可能**借助**三角形、四方形等概念而进行建构,否则,有多少种建构,就有多少种不同的自明东西,因为它们本身是被建构起来的东西,是在几何学家的**自在体**里面呈现出来的东西。假若几何学家是**借助**这些概念而进行建构,他就会遭遇到刚才所说的哲学家遭遇的困难。

[V, 135] 建构只有**一个**本原,只有**一个**手段,无论在数学里面还是在哲学里面都是如此。对几何学家来说,这个东西是在全部建构里面都相同的、绝对的空间统一体,而对哲学家来说,这个东西是绝对者的统一体。如前所述,被建构起来的也是唯一的东西,即**理念**;一切派生出来的东西都不是作为派生出来的东西而被建构起来,而是在自己的理念里面被建构起来。

康德关于哲学建构的思考或许以一种最为直接和明确的方式体现在这个事实上面,即他在《纯粹理性批判》里仅仅与**知性**

打交道,至于哲学的真正对象,即理念王国,他仅仅是从别人那里听到一些极为模糊的看法,然后向着这个目标前进。我们看到,本书作者在使用某些概念的时候,也是依赖于康德哲学的局限性和对于知性有限性的追求,比如他在该书第47页说道:"**就连康德称之为'理念'的那些概念也是通过建构而产生出来的。**真正说来,理念是一个根本不具有实在性的概念,一个不配叫作概念的概念;这个概念不是被建构起来的,也不能被建构起来;在一种宽泛的意义上,也可以说理念是一个仅仅**现在尚未**具有实在性的概念。也就是说,真正的理念是某种根本不可能被思考的东西;尽管如此,就它从另一个角度看来确实是一个概念而言,当我徒劳地想要把它建构起来的时候,我的这个行为本身就被建构起来。"很明显,本书作者确实已经注意到了全部建构的要素(而这是康德完全忽略了的),即绝对者和特殊东西;前者是自在地不受限制、绝对单一的东西,后者是受到限制的东西,不是一,而是多;二者的冲突只能依靠理念的**建构**,并且通过一种创造性的内化(Einbildung)而得到解决。

之前指出的各种反对哲学建构的理由里,其中一条是,建构毕竟只是提供一些单纯**可能的**客体;本书作者也是求助于一种外在的必然性(而这是与哲学的本性相悖的),并且把它与观念上的或内在的必然性区分开来,而在他看来,形而上学从一开始主要就与这种外在的必然性打交道。——康德必然会追问他心 [V, 136]目中的纯粹知性概念之外的现实性,因为这些概念仅仅提供了永恒中的可能性。本书作者已经提出了建构的理念,这种建构所提供的不是那种单纯相对的或纯粹观念上的可能性,而是一种绝对的、在自身内包含着现实性的可能性。通过建构的理念,本书作者已经投身于一种绝对唯心主义。只要人们追问一种绝对的实在性,这种实在性就立即和一种绝对的观念性一起被给予了。很明显,只要人们谈到一种外在的必然性,把它当作是经验现实性的规定,这个东西本身就绝不可能在理念中得到证实,因为它恰恰是通过脱离理念而成为一种**经验现实性**;即使是那些普遍法则——按照这些法则,脱离理念的东西转化为这一个特定的东西,而不是转化为别的东西——也只能在理念中被建构起来。

康德宣称,"在理智世界里面建立稳妥可靠的科学"乃是一个充满幻想的希望;在他看来,为了从根底上扼杀这个愿望,只需要表明,那三个确保了数学的彻底性的东西,即"定义""公理"和"明证"(Demonstration),其中任何一个都是哲学不可能做到的,甚至是哲学不可能模仿的。问题在于,康德首先必须去研究,定义和公理等等究竟在什么意义上确保了数学的彻底性。古代的怀疑主义者恰恰是针对数学的这些基础而提出了他们的最主要的怀疑理由。人们可能会问,在不知道直线和圆周的起源的情况下,就给它们下定义,难道这就是数学的彻底性的证据?我究竟是通过什么方式得到两个或多个物,然后建立起"如果两个物和第三个物是相同的,那么这两个物本身就是相同的"这一公理?我究竟是通过什么方式得到"整体"和"部分"的概念,然后建立起"整体大于它的部分"这一公理?很明显,这些追问是可以无穷延续下去的,而这恰恰证明,定义和公理绝不像康德想象的那样,是一些真实的**本原**,毋宁说,它们仅仅是本原的 [V, 137] **分界点**,仅仅是科学的**分界点**——从这里出发,必须回溯到一个绝对第一位的东西。任何一门居于从属地位的科学,比如物理学,确实需要这样一些分界点,以便借此把自己分离出去,仿佛可以依靠自己发展起来。——问题在于,这种仅仅限制着一门科学的东西怎么可能成为一个标准,用来衡量全部科学的彻底性,尤其是衡量全部科学之科学的彻底性呢?正因为哲学完全**立足于绝对知识**,必须对建构本身进行建构,对定义本身进行定义,所以这类限制对于哲学而言是不存在的。

即使我们承认,这个特殊的科学形式具有一种普遍的有效性,康德用来证明哲学不可能提出真正的定义和公理,随之证明哲学根本不可能进行建构的那些理由仍然是站不住脚的。就定义而言,康德认为哲学的工作仅仅是从事分析,而他的全部理由都是来自这个前提。然而本书作者非常正确地指出,只要人们忽视了数学里面的建构行为,或者说,只要人们仅仅专注于按照通常的逻辑规则、通过"种加属差"的方法来下定义,他们就会在数学里面遭遇同样的困难和错误,而康德以为只有在哲学里面才会有这些困难和错误;此外他亦指出,无论是在数学还是在哲学里面,单纯的分析都不能让人们相信数学或哲学的正确性和完整性(参阅本书第60页)。

康德本人认为,一切用来下定义的概念,本身都不包含一种任意的、可以被先天地建构起来的综合。然而哲学的全部建构

[V, 138] 恰恰是这样一种自由的、同时又必然的综合，亦即理念。诚然，哲学不包含数学意义上的定义，但原因仅仅在于，哲学的建构在任何地方都是不受限制的。数学的定义也是一些建构，只不过它们**仅仅对数学而言**是一种直接的东西。

  康德把公理看作是一种**具有直接确定性的先天综合命题**，既然如此，我们有必要做出一个更高的考察，看看康德的那个普遍断言，"数学的一切原理和定理都是综合性的"，是否正确。这里我们没有必要笼统地去证明，一般意义上的自明性，尤其是数学的自明性，不可能基于一种单纯综合的关系。我们首先将会考察明证，然后由此可以明显看出，一切明证无非是拿出一个点，在那里，同一性东西和综合性东西合为一体，换言之，一切明证都是把综合回溯到一般意义上的思维的同一性（参阅《先验唯心论体系》第40页①）。如果事情是这样的，那么公理作为一种综合的、仿佛具有直接确定性的命题，其和定理之间就不具有一种本质上的差别，而是仅仅具有一种形式上的差别。公理和定理仅仅代表着一种断裂的明证，后者通过进一步的回溯，就会经过特殊的数学领域而进入到一个普遍的领域，比如"如果两个东西和同一个东西是相同的，那么它们也是相同的"这一数学公理在哲学里面就是通过三段论的本性而被建构起来的。

  除此之外，当康德把公理本身看作是某种完全专属于数学的东西，他似乎忘了，数学家里面也有一些执着于分析的人，这些人不但认为各种公理（比如刚才所说的那条公理）是需要证明

---

① 即《谢林全集》第3卷，第363页(III, 363)。——原编者注

的,而且确实做出了证明。再者,假若数学的定义就是康德所说的那种东西,为什么数学里面还会出现这样的情况,比如欧几里德的那个著名的关于平行线的定义,尽管近代的绝大部分几何学家都希望把这看作一个定理,但迄今为止,还没有谁能够提出一个得到普遍认同的证明。

最后,就**明证**而言,可以说它是普遍者和特殊东西的完满同化。但我们可以在明证那里区分出两个环节,其中只有一个是本质性的,而另一个则是属于数学的特殊关系。 [V, 139]

前一个环节是绝对普遍的统一体和特殊统一体的绝对同化。如果以几何学为例,那就是,几何学的全部建构都是立足于观念东西和实在东西的同一个统一体,亦即作为绝对形式的纯粹空间;但在进行建构的时候,一个特殊的统一体,比如四方形或平行四边形的统一体,被设定下来。同化在这里意味着,那个绝对的统一体在每一个个别的建构那里都是表现为特殊东西里面的一个**完整的**、不可分割的普遍者。一切建构都是立足于绝对普遍者(这时它不包含任何特殊东西)和特殊东西(这时它和普遍者是不匹配的)之间的这个冲突。——为了证明上述形状的各种属性,几何学家唯一需要的东西,就是"纯粹空间"本身这一普遍的和绝对的形式;为了达到特殊东西,**他不需要超越他的绝对者**,而自明性的根据恰恰在于,几何学家只需要一个绝对的统一体,就可以为特殊统一体提出一个明证。

至于另一个出现在数学里面的环节,则是意味着,在几何学家进行建构的时候,特殊东西包含着的普遍者和特殊东西被同样看作是一种绝对的东西，比如，几何学家通过个别的三角形就认识到全部三角形的无限性，尽管个别的三角形是一个经验性东西，但仍然可以代表全部三角形。后面这种情况的唯一理由在于，几何学的直观虽然从形式来说是理智直观，但从质料来说却是感性直观。

[V, 140]
　　康德并没有证明，哲学缺乏明证的前一个环节或本质性的环节。他也没有证明，无论是特殊东西在普遍者里面的呈现（康德宣称这是哲学的本性），还是相反的情况（假若另一种哲学是从普遍者推导出特殊东西，从统一体推导出杂多性），都是不可设想的，除非特殊东西在理智直观中，作为建构或理念，包含着普遍者的不可分割的统一体。

　　因此很显然，这另一个环节就是数学独有的感性关系。康德发现哲学那里没有这个关系，于是宣称哲学不可能提供明证。

　　此外人们还可以指出，三角形的普遍直观和一个经验的、形象的三角形之间的对立，既出现在明证中，也出现在哲学中（确切地说，出现在主体的内心里）。无论如何，被建构起来的东西始终只是个体的直观，并在这个意义上取决于经验条件。尽管如此，理性在经验对象那里看到的仅仅是理念，或普遍者和特殊东西的纯粹综合本身；若非如此，哲学家就不是听从理性，而是听从个体而行动。

*　　　　　*　　　　　*

接下来我们谈谈本书作者自己的观点。

作者断言：**康德**是在不自知的情况下进行建构（更确切的说法恐怕是，假若康德对于自己的哲学具有完满的意识，并且能够对此做出反思，他就必须进行建构），而**费希特**则是在缺乏规则的情况下进行建构。人们可以说，费希特已经把苏格拉底的授课方法改造为科学本身的一个客观方法，只不过在费希特这里，人们可以看到一个深思熟虑的意图，而在苏格拉底那里，一切东西都是以一种更加主观和更加随意的方式拼凑在一起。

值得注意的是，作者虽然最初遵循的是费希特的路线，但哲学本身面临的挑战已经带着他不仅在形式上，而且在精神和实质上超出了费希特的唯心主义。从他解释这件事情的方式来看，他已经是一位哲学的真正行家，一位跻身于真正的思想家之列的著作家。他在这部著作的第79页说道："科学无非是**一种遵循规则而推进的建构**，唯有通过这个方式，它才从根本上区别于一切**经验**，区别于普通人类知性的推论方式和行动方式。所以哲学也必须迈出这个步伐。诚然，唯心主义愈是经过改造，并且通过各种一再产生出来的困难而接近完满，就愈是不可避免地接近于这种遵循规则的建构，并最终成为这样一种建构。"除此之外，根据这部著作的序言所提供的信息，它的瑞典语原版在三年前就已经写成，鉴于这个事实，人们不得不感叹，作者的认识是何其正确。作者进而指出，这部著作的目的在于表明，尽管

[V, 141]

唯心主义依靠自己的力量获得了它所要求的那个方法,但是,除非它通过这个方法本身掌握了一门稳妥可靠的科学,否则它绝不可能达到数学的稳固性。在他看来,哲学在全部科学思维里面拥有最多的自由,**所以她既是艺术,也是科学。**

作者宣称,他和费希特之间的主要分歧在于,在知识学的某些最重要的地方,费希特把纯粹自我和那种纯粹的、脱离了全部变形的、绝对原初的行动混淆起来,并且通过这个方式保留了两个纯粹自我和一个非我,这就导致他的立场经常动摇不定,以至于不得不**保证道,他的哲学是一种彻底的唯心主义**。但是,从费希特接下来对他所说的**原初行动**的进一步的描述来看,这个行动在形式上和自我并没有什么不同(因为他断定这个行动具有一个纯粹的离心趋势和向心趋势),毋宁说,它仅仅是那个摆脱了经验意识关系、自在地被直观到的"主体—客体"的一个不完满的表现。

[V, 142] 现在,我们首先需要更仔细地了解一下本书作者自己对于哲学的看法。我们没必要讨论他的导论,因为其制定的目标其实可以用一种更科学的方式来表达:他把哲学的理念建基于自由和必然性的对立(第92页)。

简言之,作者试图通过如下方式来证明**纯粹行动**是哲学建构的本原:**同类事物的限制**是建构的严格的、真正意义上的概念。对于建构来说,同类事物或纯粹质料只能包含在纯粹直观里面,而这种直观要么是理智的,要么是感性的(第51页)。尤其就哲学而言,无论是处于"纯粹事物"形态下的客体,还是处于

"单纯表象"形态下的主体,都不可能圆满完成这门科学的主要任务。在这种情况下,由于全部实体(无论它是一个客体,还是一个主体)被排除了,每一个偶性(无论它是一个状态,还是一个特定的、实在的行动)也被排除了,所以唯一剩下来的东西,就是一个基于自身的、独立于全部变形的**纯粹行动**,这个行动是全部哲学的源头,或更确切地说,是全部建构的基础。

作者在这里把那个原初行动仅仅刻画为一个**作为悬设的行动**,随后进行建构,这个做法似乎犯了一个形式上的错误。——几何学家所说的线条之所以是一个悬设,**原因恰恰在于**,线条不是由他建构起来的。悬设意味着放弃建构。关键在于,作者如此看待他的本原,这对于他的哲学的内容来说造成了一个更为重要的后果。首先,这个意义上的本原具有一种主观的依赖性;其次,原初行动既然是一个单纯的悬设,就不可能同时也是一个真实的、唯一的**自在体**,不可能是**绝对者本身**。这样一来,作者就重新回到了费希特的立场上面,因为对费希特而言,自我虽然是本原,但并非唯一的绝对者,随之是和一个**外在于自我**的东西纠缠在一起。从作者对于独断论——他在这里意指斯宾诺莎意义上的实在论——的指责来看(第103页),他心目中的绝对者仅仅是一个绝对的**物**。对此只需举出一个证明,即他针对(斯宾诺莎意义上的)实在论而发出的那个质问:"如果一个实在性不是**一个理智的对象**,不是我自己或另一个我的对象,它会是什么东西呢?"(第104页)这个质问非常清楚地表明,作者除了自在的绝对存在之外,仍然需要一个外在于自我的东西,而且,由于

[V, 143]

这个**外在于**自我的东西始终并且必然是我的**对象**,所以当他发出那个质问的时候,已经把**自在体**理解为一个外在于自我的东西。

以上所述已经足以证明,作者在进行建构的时候,并没有达到认识和绝对者的绝对聚合点,没有达到二者之唯一的绝对缝合点。尽管如此,或许没有哪个人比作者更接近于这个点。按照作者自己的看法,康德总是把我们重新带回到实在论,而费希特总是把我们带回到一个绝对的非我;至于作者本人,则是不可避免地在自我和物的相对二元性之间摇摆,也就是说,**二者都应当保留下来,因为二者只有通过相互对立才会具有实在性**;他和费希特一样认为,尽管**自由**和必然性是同一个反题的组成部分,但前者仍然具有一种优先性;自由应当保持为一种优越的东西,不仅仅像物那样只适用于现象界,而应当具有一种更为优越的意义。作者尤其关注事物的**特殊的**实在性,也就是说,**事物恰恰具有这些属性,而不是具有别的属性**。尽管**费希特**吹嘘自己第一个提出并且回答了"事物的特殊的实在性"问题,但作者显然是在一个更加思辨的意义上看待这个问题,因为他宣称,这和那个古老的关于世界上的**恶的起源**的问题是同一个问题。

诚然,作者的某些表述有值得批评的地方,但我们之所以指出这些错误,原因仅仅在于,它们潜藏在作者的一些独特的、优秀的思想后面。他的思辨所现实地达到的层次,取决于那样一个高度,即他已经把握到了他的体系的绝对同一性之点。我们把这个点提炼为整体的最大标志,因为真正说来,这是唯一值得寻求和追问的东西。

实在世界或自然界必须（以实在的方式）与本质和行动构成的那个理知体系完全契合，与此同时，二者不应当混淆起来，换言之，每一方都应当保持为一个在观念上（从表象方式来看）有别于对方的东西——在作者看来，二者的联合点包含在**一个以原初行动的各种限制为基础的必然而普遍的体系里面**，假若没有这个体系，原初行动就不可能是一个统一体，甚至不可能被思考。这个体系的开端位于**理智**之内，它同时也是理智本身的开端；从不同的视角出发，我们必须认为，这个开端既是自由的，也是必然的。理智中的自由和必然性仅仅是两种不同的面貌，它们的无差别之点位于**那个跟任何变形都无关的原初行动**里面。自在地看来，原初行动既不是自由的，也不是必然的，不是处于一种非此即彼的情况；但对于反思而言，原初行动既是自由的，也是必然的。作为**根据**，它是**被规定的**、**必然的**，因为一个不被规定的根据也是一个不做出规定的根据，就此而言不是一个根据；但是，作为**绝对**根据，它同时也是一个不被规定的、自由的东西，因为没有一个对它做出规定的更高根据。原初行动的**因果性**同时也是完完全全的**行动本身**；**行动之向着规定的过渡**和**行动本身**是合为一体的。就此而言，那个原初的、作为自由而出现在理智里面的行动是不可理解的，而且必定是这样一个东西。就此而言，在每一个由概念、事物或状态构成的特定链条上面，第一位的东西必须被理解为一个**绝对**自由的行为。——自然界里面的一切生命和一切力量都起源于原初行动，起源于这个行

[V, 145] 动的力量;假若原初行动终止了,那么全部实存都会消失。通过原初行动的无限性,事物里面产生出无限地被规定的东西。体系就是全部规定的整体;也就是说,它是杂多中的统一体。

严格说来,基于原初行动的本质上的统一体,只有唯一的一个体系,因为另一个体系必须通过某种不同于原初行动的东西而产生出来,而这是不可能的。除此之外,既然体系与一个绝对行动是相契合的,它就返回到自身之内,完全自己规定自己;多个自然界是不可能的,因为对于**有限的直观者**而言,**自然界**是一个体系,对于**无限者在有限者中的表象**、**绝对者在受限制者中的表象**而言,自然界是**条件的总体**。只有当从某些条件那里抽离出来,自然界才要么被看作是**单纯的客体**,要么被看作是**单纯的表象**,要么被看作是一个纯粹主观的东西,要么被看作是一个**纯粹被规定的**行动,一个纯粹被动的东西。

在不考虑体系的原初统一体的情况下,我们觉得自己**在每一个行动中**都是自由的;这个事实的根据不在于那个起初创造出现实性和自然界的**最初行为**,而是在于一个新的行为,亦即一个与最初行为相对立的反思行为。**通过反思行为,一个新的体系产生出来**,这个体系**并不具有新的内容**,也不是一个真正意义上的新的自然界,毋宁说,**它仅仅是一个新的表象方式**。这个体系——自在地看来,它和最初的体系是**同一个体系**——就是**理知世界**,一个仅仅**通过这个表象方式**而产生出来的世界,它与之前那个通过自由而产生出来的世界相对立。——只要我是保持在这个理知体系的范围**之内**,我就不是自由的;尽管这个体系是一个维护着自由的有机整体，或更确切地说，正因为这个体系是一个维护着自由的有机整体，所以其中的每一个行动都是全方位被规定的。因此我只有通过第二个反思才是自由的，这个反思把我提升到体系之上——不去考虑行动的方式，而是考虑行动方式的延续，因为在这一瞬间，我既可以重新降落到自然界之内，也可以不这样做，而自然界已经在具体的方面包含着行动的方式。在第一个反思里面，我服从于原初行动本身的因果性，但在第二个反思里面，我已经不受它的控制。第二个反思有可能终止，但这不会影响到第一个反思。相对于第一个反思而言，第二个反思是一种偶然的东西，因为在最初的体系里，无论我是否把它的整个产物的某一部分接纳到我自身之内，这都不会改变任何东西。正是第二个反思的偶然性把责任和全部自由规定为一种在相互对立的东西之间做出的选择，亦即"意愿选择"（Willkür）。 [V, 146]

在第一个反思和第二个反思之上，还有一个更高的反思，它把前面二者统一起来；这就是**哲学反思**。哲学反思也有自己的体系，因为真理仅仅是唯一的。哲学反思无非是一种**包揽一切**的反思，一个全方位的完满体系，换言之，它仍然是自然界。**它是一个达到了最高意识的自然界，一个纯净而卓越的自然界。**

以上所述就是对于哲学在作者的精神里面塑造起来、并且在这部著作里面表达出来的那种同一性的简单勾勒。尽管这个复述不是完全照搬原文，但从意思和事情本身来看就是如此。

在这份杂志①里,我们经常反复谈到一些原理,这些原理的唯一作用在于引导我们做出一个可靠的评判,看看作者按照我们的标准而言是否已经掌握了一个真正思辨的立场;这个立场一旦出现,就会自己确立自己的有效性,而如果我们想要以一种批判的方式考察或评判个别特征,只需进入原初性思考的精神的特殊形式即可。

除了内容方面,这部著作还希望强调另一个方面的重要性。作者关于哲学的**形式**方面的看法究竟达到了什么层次,主要体现在他对于原初行动的建构上面。这一点尤其重要,因为通过原初行动,哲学的整个**科学形式**必须同时得到规定,而且它在作者那里已经得到了现实的规定。

[V, 147] 作者通过如下方式开始他的建构:纯粹行动同时也是一个原初的和绝对的行动。它是一种纯粹直观。因为只有通过这个方式,它才有可能在自身内进行建构。每一个建构都需要一个图示,原初建构需要一个最原初的图示,——因此这个图示就是"自我",它包含在"达到我们的自身同一性"这个普遍的最高任务里面。(必须指出,最后提到的这个过渡既不是一个最讲究的办法,也不是一个最严格的办法。)这里的"自我"仅仅是一个**纯粹自我**或**理智**,它不是指一个具有现实意识的自我或一个已经变形的自我,而是指理智的单纯本质和形式,即纯粹的"主体—客体"。

---

① 指谢林和黑格尔共同主编的《批判的哲学期刊》(*Kritisches Journal der Philosophie*)。——译者注

无论在全部哲学里面,还是在这个建构里面,最值得注意的地方都是在于,无限者如何过渡到有限者,限制如何在那个自在地不受限制的东西或彻底同一的绝对者之内产生出来。——我们不能说,作者已经充分认识到了这个问题的深度和广度,尽管他的建构的第一个步骤就是限制和不受限制的东西的综合:"在某种意义上,限制必然包含在行动**本身**的**本质**之内,而不是位于**行动之外**;限制和行动是同样绝对的。"

假若这个限制或界限是流动性的,不停变化着的,它就不会发挥限制作用,行动也不会制造出任何产物(因为产物必须是一种固定下来的东西)。因此行动必须和绝对限制达到一个平衡,获得一个**静态**,这个静态是二者的界限,同时也是一个产物——不是限制的产物(因为限制不产生任何东西),而是那个与限制合体的行动的产物——,也就是说,一个由两个相互对立的绝对者共同制造出来的产物。

现在,作者仿佛把这个最初的产物看作是一个原初质料,在它那里,通过原初行动的持续的折返和反作用,所有形式在一个不断上升的过程中产生出来。每一个随后的产物的特征在于,之前的产物的行动已经融入到它里面,而在这种情况下,每一个随后的产物相比之前的产物而言都包含着更多的行动。主观转变为客观,行动转变为产物。最初的产物里有一个静止的客体;第二个产物里有一个同时也是行动的客体(或者说一个同时也是客体的行动),而这个整体是一个表象;在第三个产物里,客体本身就是表象,而这个整体是一个主体;在接下来的产物里,这

[V, 148]

个把表象当作客体的主体本身成为客体,而这个整体就是**意识**,它把之前的全部产物都包揽在自身之内。通过最后这个行动,那个把意识当作客体的东西本身也成为一个产物,亦即自我。就此而言,这个序列从两个方面来看都已经完结了:前一个方面的结点是最初的产物,一个纯粹静止的,仿佛是最高客体的东西,后一个方面的结点是**绝对**主体,在它上面不可能再出现一个更高的产物。

  无论从哪个方面来看,自我都是最终的产物。由此可以得出,每一个产物都通过自我而重新落入某一个在自我做出行动之前已经产生出来的产物里。在每一个可能的关联中,只可能有**三个环节**,以及三个对应的产物。至于更多的环节,必定已经通过一个较早的反思而包含在之前关联中的一个或多个环节里面。因此在每一个随后的关联里面,或者用我们的术语来说,在每一个随后的潜能阶次里面,我必须始终保持为一个主体,而我得到的东西,仍然无非是我自己(确切地说,受到限制的我);至于之前的关联(比如第二个关联)的那些环节,则降格为客体,成为一种仅仅居于第三个档次的东西,如此等等。

  在我们看来,作者展示的这个层级秩序并没有达到最高的清晰性,换言之,没有达到一种形式上的直观性。事实上,层级秩序的形式已经包含在自然哲学和先验唯心论的形态里面,然而有些人居然以为这个形式仅仅是我们发明的思想游戏(在他们看来,这是因为我们不具有好好写作的精神能力),既然如此,[V, 149] 我们的愿望是,即使他们本人没有能力认识到这个形式的内在必然性,但至少应当对此有所预料,因为这个形式在别的一些人那里已经独立地产生出来,并且得到了塑造。

这个科学方法在如下段落以一种最清楚和最普遍的方式表达出来:"总之,通过知性的机械作用,行动中的正题及其反题不断制造出新的综合,直到在最终的综合那里,任务得到解决,即让理智在自然界的表象里面达到自身同一,或者说让理智在一个更高的反思里面意识到这个同一性。只要做到了这一点——除非这个最终的综合作为一个彻底完成的体系出现在意识里面,否则这(在经验中)是绝不可能和不可设想的,因为理智不可能克服自己的有限性——,理智就终止了,重新转变为一个纯粹的、无拘无束的行动;这样一来,因为一切东西都合为一体,所以理智不再需要理解任何东西,而如果没有理解,理智也不可能存在。"(第156页)

从纯粹理论的角度看,费希特的唯心主义的局限性主要在于,首先,他不是把限制的根据绝对地放在自我之内,而是放在一个与自我相对立的东西之内;其次,他把建构或更确切地说把反思限定在纯粹自我性和经验自我性(主观的主体—客体)的局促交会之处①;再次,他把"正题""反题"和"综合"等形式仅仅看作是一种逻辑的东西。自我对费希特来说是**本原**,但对作者来说却是一个被建构起来的东西,就此而言,作者真正达到了**先验的**立场,也就是说,他建立起一系列超然于自我之上的行动,让"正题""反题"和"综合"的形式在个别事物和整体里面不断重

---

① 参阅《费希特—谢林通信集》第59页以下。——原编者注

复,使之成为一种实在的、普遍的有机组织的范型。

作者的观点至少展示出了客观范围和普遍联系的潜力,这一点可以通过接下来的表述而得到评判。康德在其《自然科学的形而上学初始原理》中提出的物质的建构,被作者自觉地当作建构的唯一试金石。作者询问:"康德建构起来的原初物质究竟是什么东西呢?"而他的答复是:"无非是那个原初实在性的一个变形,这个原初实在性是那个最初可认识的行动的产物的表现,并且包含在这个产物之内。这个产物也是最初的客体;由此往下,我获得了一个由之推导出来的客体,或更确切地说,一个在空间中受到限制的客体。就此而言,物质的本质也是基于这个否定的和肯定的东西,它使物质充满空间。——凡是适用于一般意义上的物质的情况,也适用于每一个物质,无论后者具有什么样的规定和个体性。不仅如此,得到规定的物质也是一个产物,随之具有一个产物的属性,因为对我而言,自然界是通过建构而产生出来的,一切建构都是一种创造。——由于这种二元论是一切建构的本质因素,所以唯有它能够给全部现象提出一个令人满意的解释。——凡是**原子论**、**机械论化学**、**质料心理学**、**物活论**、**隐秘属性**等等不能解释的东西,都必须通过这个本原而得到理解。哪怕是凝聚力,还有那些特定的物体及其属性,都必须通过这个方式而发展出来,随之能够联系在一起。人们在自然学说里面已经发现了弹性,只不过这个概念还没有得到充分的运用。我们至少可以推测,人们在某些物体那里发现的极性其实就是从弹性推导出来的,或者说极性总是伴随着弹性,更何况很明显，二者都仅仅是一种普遍的二元论的变形。——没有自然哲学，就没有自然科学。（经验的）自然研究当然服务于应用，但其唯一真正的终极目的，就是在专门的自然知识和这种自然形而上学之间建立起一个必然的和完整的联系。"

在我们德国，新出版的哲学著作有如过江之鲫，其中的绝大多数仅仅表现出作者令人难以置信的粗俗、教养的匮乏，甚至哲学史知识的欠缺。现在，一部由外国人创作的著作出现在我们前面。其作者学养深厚，深思熟虑，不仅有效地深入到科学的前沿状况，而且对于既有成果具有深刻的认识和敏锐的评判。看到这部著作的出版，无疑是一件极为令人欣喜的事情。 [V, 151]

按本书译者在前言里面的介绍，作者是拿这部著作来应聘乌普萨拉大学仅有的一个理论哲学教席，而在这部著作出版之后，根据普遍的看法和公开的评价，他在政府推荐的所有应聘者里排在第一位。译者补充道："遗憾的是，敏锐的洞察力、娴熟的专业知识、对于科学研究的热切兴趣、清晰而生动的授课才能等等，还有一些或许无关痛痒的品性，都仅仅是一个'正常的'教授的次要特征。反倒是一个享有'平庸'美名的人，成为幸运儿，——在一片惊愕之声中，被任命为哲学教授。"

谢林著作集

论哲学视角下的但丁

（1802）

F. W. J. Schelling, *Ueber Dante in philosophischer Beziehung*, in ders. *Sämtliche Werke*, Band V, S. 152-163. Stuttgart und Augsburg 1856-1861.

那些爱"过去"甚于爱"现在"的人，通常的做法是把目光从 [V, 152] 这个并非总是值得关注的"现在"移开，转而投向一座如此遥远的纪念碑，即一种与诗结成联盟的哲学；这就是但丁的作品，它们长久以来已经享受着"古典"的辉煌荣誉。

这里表述的思想与诗有关。为了给这些思想做一个辩护，我暂时只指出一点，即对于艺术的哲学建构和历史学建构来说，诗是最值得注意的问题之一。接下来将会表明，这个考察在其自身之内包含着一个更加宽泛的考察，甚至涉及哲学自身的一些情况，因此它是哲学和诗都应当关注的问题。从整个近代的趋势来看，哲学和诗正在走向相互交融，而这要求双方都提供一些特定的条件。

*　　　　*　　　　*

> 在最神圣的东西那里，
> 　　宗教和诗结成联盟的那个地方，

但丁作为大祭司，授予整个近代艺术以它们的使命。《神性的喜剧》(*Die göttliche Komödie*，即《神曲》)不是代表着个别的诗，而是代表着近代诗的整个种类，而它本身又是一个独特的种类。这部诗作是如此浑然天成，以至于任何一种拘泥于琐碎形式的诠释理论对它而言都是完全不够的，毋宁说，它作为一个自 [V, 153] 足的世界，相应地需要一种独有的诠释理论。但丁之所以给他的诗作加上"神性的"这一标题，因为它讨论的是神学和神性事物，而他之所以把它称之为"喜剧"，则是依据"喜剧"和"悲剧"这两个相反类型的最简单的概念，即以恐怖为开局，以幸福为结局，而且，因为他的诗作的素材有时候是崇高的，有时候是低俗的，所以这种混合的本性必然要求一种混合的宣讲方式。

　　人们很容易发现，这部诗作不能按照通常的概念而叫作"戏剧"（dramatisch），因为它并没有呈现出一种受到限制的行动。诚然，但丁把自己当作本书的主角，但这个角色发挥的作用，仅仅是作为一条纽带而把为数众多的观感和肖像串联在一起，其在大多数情况下的表现都是被动的，而不是主动的，因此从这一点来看，这部诗作更接近于"传奇小说"（Roman）。然而无论是把它称之为"传奇小说"，还是按照传统观念把它称之为"史诗"（episch），都是不充分的，因为在那些呈现出来的对象之间，没有一种前后相继的关系。同样，我们也不可能把它看作是一种"宣教诗"（Lehrgedicht），因为它的书写形式和创作意图远远超出了一般的宣教。由此可见，这部诗作既不是上述所有特殊类型之一，也不是这些特殊类型的简单拼凑，毋宁说，它是一个完全独特的、仿佛有机的、不可能通过任何艺术而随意复制的混合物，集合了上述类型的全部要素；这是一个绝对的、无与伦比的、只能孤芳自赏的个体。

　　一般说来，诗作的素材就是诗人所处的整个时代所表现出来的同一性。这个同一性的全部状况，加上宗教、哲学和诗的各种理念，融合在那个世纪最卓越的精神里面。我们的意图不是按照这部诗作直接所处的时代关系来理解它，而是按照它对于整个近代诗的普遍有效性和典范性来理解它。

从近代诗出发，一直到那种尚且位于遥不可及的地方的诗——在那里，新时代的伟大史诗将会作为一个完满的总体而出现（虽然到目前为止，它仅仅以吟唱诗的形式表现在个别现象里面）——，都是遵循着这样一条必然的法则，即个体必须把世界在他面前启示出来的那个部分塑造为一个整体，并且把他那个时代及其历史和科学当作素材，亲自创造出一种神话。一般说来，古代世界推崇的是种属，而近代世界推崇的是个体：在前者那里，普遍者真正成为特殊东西，整个族类作为个体而发挥着作用；而在后者这里则是反过来，特殊性成为出发点，向着普遍性过渡。正因如此，在古代世界那里，一切东西都是延续的、不会消逝的：数目仿佛不具有任何力量，因为普遍概念已经和个体合为一体；反之在近代世界这里，更替和变化是一个岿然不动的法则，这个世界的各种规定不是包含在一个封闭的圆圈里，而是仅仅包含在一个通过个体性而无限扩张的圆圈里，又因为普遍性属于诗的本质，所以近代世界面临着一个必然的要求，即个体应当通过最高的独特性而重新成为一个普遍有效的东西，并且通过完满的特殊性而重新成为一个绝对的东西。但丁正是通过其诗作的绝对个体化的、无与伦比的因素而成为近代艺术的开创者，也就是说，如果没有这种随意的必然性和必然的随意性，近代艺术根本就是不可想象的。 [V, 154]

正如我们看到的，希腊诗歌从一开始（即在荷马那里）就作为一种纯粹事物而与科学和哲学区分开来，这个疏离过程最终发展为诗人和哲学家之间的彻底对立,后者企图通过一种隐喻的方式来诠释荷马诗歌,以制造出一种和谐,但这是徒劳无功的。近代以来,科学已经走在诗和神话的前面,然而科学不可能成为神话,除非它成为一个普遍者,并且把传统教化的全部要素(科学、宗教和艺术本身)吸收到自己的领域之内,把当前时代和过去时代的全部素材融合为一个完满的统一体。这里有一个冲突,因为艺术要求的是一种封闭的、有边界的东西,而当前的世界精神追求的却是一种无边界的东西,并且义无反顾地想要摧毁一切限制。个体必须出现在这个冲突里面,他必须凭借一种绝对的自由,赋予时代的混合物以持久不变的形态,并且在那些随意抓取过来的形式的范围之内,通过一种绝对的独特性,重新赋予自己的诗作以一种内在的必然性和一种外在的普遍有效性。

[V, 155]

　　这就是但丁做过的事情。他掌握着当前时代和过去时代的历史素材。他不可能把这些素材加工改造为一种纯粹的史诗,部分原因在于他的本性,部分原因则是在于,假若这样做了,他将会把他那个时代的教化的其他方面重新排除在外。作为一个整体,那个时代的教化还包括天文学、神学和哲学。但丁不可能通过宣教诗的形式来讲述这些东西,因为这个形式对他的限制实在是太大了;为了成为一个普遍者,他的诗作必须同时也是一种历史性东西。他需要一个完全随意的、以个体为基础的独创思想,唯其如此,他才能够把那些素材融合起来,将其塑造为唯一的一个有机整体。他不可能通过一些象征来阐述哲学和神学,因为他并未掌握一种象征性的神话。与此同时,他也不可能以一种完全隐喻的方式来创作他的诗作,因为这种形式的诗作同样不可能是一种历史性东西。因此他的诗作必定是通过一种绝对独特的方式,把隐喻的东西和历史性东西混合在一起。在古人的典范性诗作那里,诸如此类的出路是不可能的,因为唯有个体能够找到这条出路,唯有一种绝对自由的独创思想能够沿着这条出路前进。

但丁的诗作不是隐喻性的,也就是说,他的诗作的各种形态仅仅意味着某些东西,但这些形态并不是作为一种自在的东西而独立于那个意味。从另一方面看,没有任何形态能够独立于意味,仿佛它同时是理念自身,而非仅仅是理念的一个隐喻。因此但丁的诗作包含着一个完全独特的手段,正好介于隐喻和象征性的一客观的形态之间。无疑,但丁本人已经在另一个地方指出,比如贝阿特丽切①就是神学的一个隐喻。她的那些女伴,以及别的许多形态,同样也是隐喻。与此同时,她们清点着自己的人数,作为一些历史人物而登场,但并不因此是一些象征。 [V, 156]

从这个角度来看,但丁具有原型的意义,因为他给近代诗人颁布了这样一个命令,即诗人必须把他那个时代的整个历史和教化,把那个摆在他面前的唯一的神话素材,记录在一部作为整体的诗作里面。他必须出于一种绝对的随意性,把隐喻的东西和历史性东西融合在一起:他必须是隐喻的,哪怕这与他的意志相悖,因为他不可能是象征性的;他必须是历史性的,因为他应

---

① 贝阿特丽切(Beatrice),但丁早年的恋人,后嫁给他人,并早早去世。在《神曲》里面,贝阿特丽切是最重要的角色之一,她不仅安排维吉尔引领但丁穿越地狱和炼狱,并且亲自带领但丁游历天堂。——译者注

当是诗性的。从这个角度出发,他的每一个独创思想都是独一无二的,都是一个自足的世界,完全隶属于他这个人。

在这个时代的努力里,唯有一部包罗万象的德国诗作①,别具匠心地发明一个专门的神话(即浮士德的形象),以同样的方式把各种最为对立的东西融合在一起。在一种宽泛得多的阿里斯托芬式的意义上,它也可以说是一部"喜剧",而作为一部比但丁的诗作更加具有诗性的作品,它也可以叫作"神性的"。

个体以特殊的方式把时代的既有素材和他自己的生命混合成一个形态;他在这件事情上爆发出的能量,取决于他在多大程度上汲取了神话的力量。但丁笔下的人物已经通过他们预先被安排的永恒位置而具有了一种永恒性;然而不仅仅是他从他那个时代拿来的现实东西,比如乌戈里诺②的故事等,包括他完全臆想出来的那些东西,比如尤利西斯③及其伙伴的灭亡,都在他的整个诗作里面具有一种真正的神话确定性。

至于但丁本人的哲学、物理学和天文学思想,基本上很难引起我们的兴趣,因为他的真正独特性仅仅在于他把这些东西和诗融合起来的方式。在某种意义上,可以说托勒密④的宇宙体系是他的诗作大厦的地基,而这个体系本身已经具有一种神话

---

① 指歌德的《浮士德》。——译者注
② 乌戈里诺(Ugolino della Gherardesca, 1220—1289),比萨共和国的权贵,后遭迫害入狱,并饿死狱中。——译者注
③ 尤利西斯(Ulysses)即奥德修斯。但丁在《神曲·地狱篇》第26节描述了他的死因。——译者注
④ 托勒密(Claudius Ptolemaeus, 90—168),罗马天文学家,"地心说"的集大成者。——译者注

的色彩。尽管一般说来，但丁的哲学被刻画为一种亚里士多德主义，但必须指出的是，这并不是纯粹的逍遥学派的哲学，而是掺杂了当时流行的柏拉图哲学的理念；这一点可以通过他的诗作的许多段落而得到证明。 [V, 157]

我们无意纠缠于个别段落的力量和充实性，以及个别形象的单纯性和无限质朴性，哪怕但丁在其中提出了自己的哲学理念。比如，按照他那个著名的观点，灵魂是上帝亲手制造出来的一个幼稚的小姑娘，时而哭泣，时而欢笑；这个幼稚的、小小的灵魂唯一懂得的事情，就是在慈祥的创造者的诱导下，盯着那些让她迷醉的东西。我们仅仅讨论整体的普遍象征形式，在这个绝对的形式中，我们比在任何别的东西中更能认识到这部诗作的普遍有效性和永恒性。

在人们看来，当哲学和诗联系起来，其最低级的融合产物就是宣教诗。因为诗作不应当有任何外在目的，所以其中的宣教意图必然会重新遭到扬弃，转变为一个绝对的东西，能够看起来仅仅为着它自己而存在。但要做到这一点，唯一的前提是，知识作为宇宙的一幅肖像，与另一幅肖像达到完全的和谐一致，后者作为最原初的、最美的诗，自在且自为的本身就是诗性的。但丁的诗作是科学和诗的一种高级得多的融贯，正因如此，尽管其形式具有一种更为自由的独立性，但仍然必定与世界观的普遍范型相契合。

按照素材的结构，宇宙划分为地狱、炼狱、天堂三个王国。这个结构和划分跟这三个概念在基督教里面的特殊意义没有任何关系,毋宁说,其本身就是一个普遍象征形式,以致人们搞不明白,按照这个形式,为什么不是每一个卓越的时代都能够拥有自己的一部《神曲》呢?近代戏剧对于五幕剧形式已经习以为常,因为通过这个形式,人们能够观察每一个事件的开端、推进和高潮,以及这个事件是如何走向结局和真正的终点。相比之下,但丁的那个三幕剧被看作是一个普遍的形式,适合于一种更高层次的、把整个时代表现出来的先知之诗;这个形式的充实方式是无穷多样的,仿佛能够通过其原创思想的力量而一再重新获得生命。这个永恒的形式并非仅仅是一个外在的形式,毋宁说,它是全部科学和诗的内在范型的一个形象生动的表现,它能够把科学和教化的三个伟大对象(自然界、历史和艺术)包揽在自身之内。自然界作为万物的诞生地,是一个永恒的黑夜,而作为一个给万物提供独立性的统一体,它是宇宙的远日点,是万物离开真正的核心(亦即上帝)的地方。生命和诗作在本性上是一种层次递进,它们仅仅是一种净化,一个向着绝对状态的过渡。唯有在艺术里面,这个状态才是临在的,因为艺术预示着永恒性,预示着生命的天堂,并在这个意义上真正位于核心之中。

　　因此无论从哪个方面来看,但丁的《神曲》都不是一部个别作品,仿佛仅仅属于一个特殊时代,仅仅属于一个特殊的教化层次。毋宁说,基于其普遍有效性(它和最绝对的个体性达成了统一),基于其整全性(生命和教化的全部方面都已经包揽进来),最后,基于其形式(这不是一个特殊范型,而是观察整个宇宙时所依据的范型),但丁的《神曲》成为一个具有原型意义的东西。

诚然,从内在的方面来看,《神曲》的特殊结构不可能具有这种普遍有效性,因为它是按照他那个时代的概念和诗人的特殊意图而构想出来的。反过来,普遍的、内在的范型——不消说,它只能出现在这样一部强有力的、深谋远虑的作品里面——,则是通过诗作的三大部分的形态、色彩和音调而成为一种外在的象征。

面对庞大的素材,但丁在表述他的具体的独创思想的时候,需要一种认可,而只有当时的科学能够给他这种认可。就此而言,他那个时代的科学对于但丁来说仿佛是一种方法论和普遍地基,可以在其上面大胆地营造自己的独创思想大厦。但即使在细小的地方,但丁仍然完全忠于这个意图,即一方面以隐喻的方式进行创作,另一方面同时保留着历史的和诗的创作方式。"地狱、炼狱和天堂"仿佛仅仅是一个具体的、以建筑学的方式展开的神学体系。他在《地狱篇》里面考察尺度、数和比例,尽管这些东西归功于当时的科学,但他在这样做的时候,仍然自觉地坚持着独创思想的自由,以便通过形式而赋予他的包含无穷素材的《神曲》以必然性和界限。至于数的普遍辉煌和意义,则是另一个外在形式,为他的诗提供支持。因此总的说来,对但丁而言,他那个时代的整个逻辑知识和三段论知识都仅仅是一个形式,他必须承认这个形式,然后才能够通达他的诗所置身其中的那个领域。

[V, 159]

但丁依附于当时的各种宗教观念和科学观念,这在那个时代是最为普遍有效的东西。然而他在这样做的时候,绝不是要寻求普通诗歌的那种似是而非的效果,毋宁说,恰恰通过这个方式,他抛弃了一切取悦庸众的意图。因此不难理解,当他最初进入地狱的时候,并没有试图以一种笨拙的方式来刻画和解释这件事情,而是仿佛置身于一种视灵状态,根本不打算去论证这个状态。透过贝阿特丽切的眼睛,仿佛有一种神性力量传递到他身上,对于这件事情,他只用了一行文字来表述自己的升华。对于亲身经历到的奇妙东西,但丁直接将其重新转化为宗教秘密的一个比喻,然后用一个更高层次的奥秘来确认这些经历,比如,他用"光投射于浑然不可分的水"来比喻他之被接纳到月球上,并用这幅图像来形容上帝之化身为人。

[V, 160] 凭借充盈的艺术性,通过三个世界部分的内在建构,但丁以细致入微的方式呈现出自己的深刻意图。这是一门独一无二的科学,而在诗人死后没多久,他的民族就已经承认了这一点,并且设立了一个专门的但丁教席,让薄伽丘①担任第一位主持人。

《神曲》的三个部分,每一个部分都包含着众多独创思想,这些思想让人们清楚认识到,原初的形式具有怎样的普遍意义。不仅如此,这些思想的法则以一种更为明确的方式通过一种内在的、精神性的节奏表现出来,使各种思想形成针锋相对的局面。在所有对象里面,地狱是最可怕的东西,因此但丁用最为强烈的表述和最为严格的措辞来刻画它,同时选择了一些晦涩的、令人毛骨悚然的词汇。反之在炼狱的某个地方,则笼罩着一种

---

① 薄伽丘(Giovanni Bocccaccio, 1313—1375),意大利文艺复兴时期的伟大作家,与但丁、彼特拉克并称佛罗伦萨文学"三杰",代表作为《十日谈》。他在晚年主持佛罗伦萨大学的但丁教席,致力于《神曲》的诠释和研究。——译者注

深沉的宁静,当此之时,那些来自阴间的诉苦声沉寂了,而在那高高的山冈上,天国的大门前面,一切东西都转变为色彩;至于天堂,这是宇宙天体的一种真正的音乐。

说起地狱里面的那些惩罚手段,其复杂多样性和差异性简直是依靠一种史无前例的创意而构想出来的。在各种罪行和痛苦之间,永远都是一种诗性的联系。但丁的精神不会在恐怖事物面前惊慌失措,正相反,他对于恐怖事情的刻画已经达到极致。然而每一个具体的情况都可以表明,他从始至终都是一个崇高的、随之真正美好的人;尽管那些鼠目寸光的人在某些方面给某些东西贴上了"低俗"的标签,但这些东西并不是他们所理解的意思,毋宁说,它们是《神曲》的混合性的必然要素,而正是出于这种混合性,但丁本人把自己的这部诗作称为"喜剧"。无论是对于恶劣事物的仇视,还是在但丁的恐怖篇章中表现出来的一个神性心灵的愤怒,这些都不是遗传自一个普通的灵魂。诚然,人们一直都在怀疑某个传言的真实性,根据这个传言,但丁原本一直都是以创作爱情题材的诗歌为主,然而自从他被驱逐出佛罗伦萨之后①,他的严肃而别具一格的精神第一次得到强烈刺激,萌生出一些最具有独创性的思想,这些思想包含着一个整体,其中有他的生命,有他的心灵和他的祖国的命运,同时还透露出对此的反感。尽管如此,当但丁在地狱里面以世界法庭的名义颁布复仇措施的时候,他仍然表现为一位具有先知力量

---

① 但丁1300年被选为佛罗伦萨的行政官,后来卷入派系斗争之中,于1302年被掌权派逐出佛罗伦萨,永久流放。——译者注

[V, 161] 的称职法官,不是依照私人恩怨,而是带着一个虔诚的、通过时间的洗刷而超脱的灵魂,以及一份早已无法辨认的对祖国的爱,如同他本人在《天堂篇》的某个位置所说的那样:"假使有一天临到,这天和地都加手其间的、使我消瘦了许多年的神圣的诗,可以克服那残忍心,就是这个使我不得返于柔软的羊棚;我曾经是安卧在那里的羔羊,被那些争斗不休的群狼所忌;那末我将带着另一种声调,另一种羊毛,以诗人的模样回去,而且要在我受洗之处接受那花冠。"① 对于被诅咒者遭受的可怕折磨,他用自己的亲身感受来加以安抚,这些感受即使到了道路的尽头,仍然让他如此震慑于眼前的众多苦难,以致他迫切地想要放声恸哭,而维吉尔②却对他说:"为什么你要欺骗我呢?"

之前已经指出,地狱里面的绝大多数惩罚手段对于罪行而言都具有一种象征的意义,都是罪有应得,但其中很多惩罚手段都是处于一个还要宽泛得多的联系之中。这里面尤其值得一提的,是但丁对于"变形"(Metamorphose)的描述,在那里,两个东西相互转化,同时融入到对方之中,仿佛交换了彼此的质料。古代世界关于"轮回"(Verwandlungen)的一切思想都不可能与这个独创思想相提并论,假若某个自然科学家或宣教诗人能够凭借这种力量而勾勒出自然界的永恒变形的生动形象,那么他完全有资格把自己大肆吹嘘一番。

正如我们已经指出的,《地狱篇》之所以区别于另外两个部

---

① 见《神曲·天堂篇》第25节。这段文字采用了王维克的译文。——译者注
② 古罗马诗人维吉尔(Vergil,前70—前19,代表作《埃涅阿斯纪》)是但丁最崇拜的人。在《神曲》的《地狱篇》和《炼狱篇》,他是但丁的引路者和陪伴。——译者注

分,不只是因为它的外在的表述形式,还因为它是一个形态王国,随之是整部诗作的造型艺术部分。至于《炼狱篇》,人们必须把它看作是绘画部分。从某种意义上来说,但丁在这里描述罪人们做出的忏悔的时候,几乎是一本正经地完全采取绘画的方式;不仅如此,当他漫步经过忏悔场所的神圣山丘时,尤其呈现出了各种飘忽不定的视像的急速更替,以及光线的切换和复杂作用;当他最终来到山丘的边界,来到忘川河畔,开始描述这片地区的神性的、远古的丛林,绘画和色彩更是以最为辉煌的状态呈现在人们眼前:水如天国一般纯净,上面投射着丛林的永恒的影子,他在河畔遇到一位处女,而贝阿特丽切则是踏着一朵满载花儿的白云赶来,她蒙着一层洁白的面纱,头顶是橄榄枝叶编的花冠,身上披着一件绿色的袍子,周围跳动着紫色的生命火焰。①

[V, 162]

诗人已经穿越大地的心脏而接触到了光明。在黑暗的阴间,只有形态之分,而在炼狱那里,光仿佛借助尘世的质料而点亮,并且转变为色彩。在天国里面,只剩下光的纯粹音乐,不再有任何折射,诗人逐步提升自己,最终直观到神性自身的无色的、纯粹的实体。

在诗人那个时代,关于宇宙体系、星球的性质、星球运动的法则等的观点仍然拥有神话的尊严,而诗人在《天堂篇》里面的独创思想就是立足于这些观点。尽管他在绝对性的这个层面里仍然容许存在着程度和分量之别,但只需通过一句斩钉截铁的

---

① 见《神曲·炼狱篇》第30节。——译者注

话就重新扬弃了这个差别,而这就是他在月球上遇到的一个姊妹灵魂所说的话:"天国中的任何一个'**某处**'都是天堂。"

《神曲》的谋篇布局本身就意味着,恰恰是通过向着天国的提升,神学里面的那些最高命题应当得到澄清。但丁对于这门科学(即神学)的极度崇敬,是通过他对于贝阿特丽切的爱而表现出来的。当直观消融在纯粹的普遍者之中,在这种情况下,诗必然会转变为音乐,形态分化必然会消失,相应地,《地狱篇》能够显现为一个更具有诗性的部分。尽管如此,人们万万不能以断章取义的方式对待各个部分,毋宁说,每一个部分都有自己的优越之处,而这个优越之处只有通过整体的联系才能得到保障,才能得到认识。只要人们理解三个部分在整体里面的关系,就会认识到,《天堂篇》必然是一个纯粹音乐性的、抒情的部分,而这也是诗人自己的意图,其外在的表现就是,他在这些地方更加频繁地使用教会颂歌的拉丁词汇。

[V, 163]

《神曲》是一部值得赞叹的伟大诗作,其伟大体现在诗和艺术的全部要素的融贯,并且通过这个方式完全成为一个外在的现象。这部神性的作品不是造型艺术,不是绘画,不是音乐,而是让这一切东西同时达到了相互照应的和谐;它不是戏剧,不是史诗,不是抒情诗,而是这些东西的一个完全独特的、唯一的、史无前例的混合。

至此我相信同时已经表明,这部诗作对于整个近代诗而言具有一种先知式的、模范的意义。它在自身之内包揽着近代诗的全部使命,同时摆脱了后者的那些仍然杂乱无章的素材,成为第一株超越大地而延伸到天国的植物，成为净化的第一粒果实。那些不愿意按照肤浅的概念，而是希望从源头出发来了解近代诗的人，最好是研究这个伟大而严肃的精神，以便知道，通过哪些手段可以把握近代的整体性，同时认识到，没有什么轻易缝好的纽带能够把近代统一起来。至于那些没有能力从事这项工作的人，不妨从一开始就把《地狱篇》开篇的那句话用在自己身上：

你们走进来的，放弃一切希望吧！①

---

① 作为这篇论文的"附录"，或更确切地说，作为文中观点的对立面，谢林在《批判的哲学期刊》的结尾处引述了布特尔维克关于但丁的观点。这里没有收录那份"附录"，也没有收录另一篇内容相同的冗长报道。——原编者注。译者按，布特尔维克(Friedrich Ludewig Bouterwek, 1766—1828)，德国哲学家和文艺理论家，哥廷根大学教授，叔本华的老师之一。其代表作《诗和雄辩术的历史》(*Geschichte der Poesie und der Beredsamkeit*, 1801—1819)迄今仍然被看作是文学史研究的一部里程碑式著作。

谢林著作集

学术研究方法论

(1803)

F. W. J. Schelling, *Vorlesungen über die Methode des akademischen Studiums*, in ders. *Sämtliche Werke*, Band V, S. 207-352. Stuttgart und Augsburg 1856—1861.

目 录

前　言		81
第一讲	论科学的绝对概念	82
第二讲	论学术机构的科学使命和道德使命	96
第三讲	论学术研究的基本前提	115
第四讲	论纯粹理性科学（数学及一般意义上的哲学）的研究	126
第五讲	论通常的反对哲学研究的意见	137
第六讲	论专门的哲学研究	147
第七讲	论哲学遭遇的一些外在对立，尤其是与官方科学的对立	160
第八讲	论基督教的历史学建构	173
第九讲	论神学研究	185
第十讲	论历史学研究和法学研究	198
第十一讲	论普遍自然科学	212
第十二讲	论物理学研究和化学研究	224
第十三讲	论医学研究和普遍的有机自然科学研究	234
第十四讲	论艺术科学与学术研究的关系	245

前　言

[V, 209]

本书是1802年夏季学期我在耶拿大学的讲授课记录。出于以下一些充分的理由，我决定将其公开发表：首先，这次授课影响了为数众多的听众；再者，我希望，其中的某些理念，除了带来另外一些后果之外，对于随后的或至少是未来的学术机构的建制也能够具有一些重要意义；此外我还认为，虽然本书的目的并不在于对本原做出一些新的揭示，但毕竟以一种更适合普遍理解的讲授方式阐述了这些本原，而且其中萌生出来的一种关于科学整体的观点或许会激发起一个更为普遍的兴趣。

第一讲　论科学的绝对概念

简单谈谈那些促使我进行这次授课的理由，或许并不是多此一举的。反之，如果长篇累牍地去做出一个平凡的证明，指出学术研究方法论对于年轻的大学生不仅是有用的，而且是必要的，以及它有利于科学本身的蓬勃发展和更好方向等，无疑才是多此一举的做法。

当一个年轻人在其学术生涯的开端首次进入各门科学的世界里面，他愈是对于整体具有一种感受和冲动，就愈是不能摆脱这样一个印象，即他仿佛处于一个伸手不见五指的混沌状态，或置身于一片汪洋大海之中，却惶恐地发现手边既没有指南针，也看不到指北星。当然，少数人是个例外，他们很早就发现了一条稳妥的道路，并且沿着这条道路达到他们的目标。但这些人不在我们的讨论之列。至于前面所说的那种状态，其通常的后果无非是以下两种情况。那些天资稍高的人，像无头苍蝇一样，投身到所有可能的研究里面，在所有的方向上随波逐流，却从来不能在任何一个方向上深入到内核之中，但这个内核才是一种全面的和无限的教化的基石；可以说，在经历了各种毫无成果的尝试之后，他们的最好结局，就是要避免这样一种情况，即在自己

的学术生涯的尽头才认识到,他们曾经做了多少毫无意义的事 [V, 212]
情,耽误了多少根本重要的事情。至于那些天资平平的人,他们
从一开始就胸无大志,然后很快习惯了平庸,充其量只是通过
机械重复的勤奋和单纯的死记硬背来掌握一点点专业知识,而
在他们看来,只要这些知识能够维持将来的外在生计,就足
够了。

当一个天资较高的人在选择研究对象和研究方法时陷入困
窘,经常会出现这样的情况,即他转而去信任一些低俗无聊的
人,而这些人把自己对于科学的低俗观念或仇恨通通灌输给他。

有鉴于此,我们必须在大学里面公开地、普遍地讲解学术研
究的目的和方法,以及学术研究的整体和特殊对象。

另一件事情尚需提请注意。也就是说,在科学和艺术里面,
只有当特殊东西在自身内接纳了普遍者和绝对者,它才具有价
值。但是,正如绝大多数例子表明的那样,人们太容易忘记,除
了各种特定的研究之外,还有通识教育(universelle Ausbildung)
的普遍研究;除了那种要成为一个优秀的法学家或医生的努力
之外,还有一个崇高得多的使命,这是全部学者的使命,是一个
通过科学而变得高贵的精神的使命。人们可能记得,为了反对
教育的这种片面性,有一个充分的对策,即去研究一些具有更普
遍意义的科学。我并不想完全否认这一点,正相反,我自己就是
这样的主张。几何学和数学使精神得到净化,达到一种纯粹的、
无需质料的理性认识。而哲学既然掌握着整个人类,涉及人类
本性的全部方面,就更有能力把精神从片面教育的桎梏中解放

[V, 213] 出来,将其提升到普遍者和绝对者的王国之内。遗憾的是,要么在那种具有更普遍意义的科学和个人钻研的特殊知识分支之间,根本没有任何关联,要么就是科学虽然具有普遍性,但它至少没能屈尊俯就到把这些关联揭示出来的程度,在这种情况下,如果一个人本身没有能力去认识普遍科学,那么在面对各门特殊科学的时候,他会发现自己失去了绝对科学的指引,于是他宁愿有意识地摆脱活生生的整体,而不是徒劳无功地去追求他和这个整体的统一,白白浪费自己的精力。

因此,在从事个别专业的研究之前,必须首先认识到各门科学的有机整体。如果一个人要研究一门特定的科学,那么他必须了解以下方面:首先,这门科学在那个整体中处于什么地位,那个赋予这门科学以生命的特殊精神是什么东西;其次,这门科学是通过怎样的发展方式而与整体的和谐构造结合在一起?除此之外,他还需要了解他本人对待这门科学的方式,以便不是作为一个奴隶,而是作为一个自由人在整体的精神里面思考这门科学。

通过以上所述,你们已经认识到,一种学术研究方法论的唯一来源,就是对于全部科学的活生生的联系的一种现实而真实的认识,而如果缺乏这种认识,那么任何指导都必然是僵死的、无精神的、片面的、狭隘的。对当前这个时代而言,或许没有什么比这更为迫切的要求了,因为当今人们以一种更加粗暴的方式把全部东西堆积到科学和艺术里面,把那些看起来最为风马牛不相及的东西搅和在一起,以致任何发生在核心地带或附近地方的骚动,都更快地、仿佛更直接地也传导到各个部分,进而形成一个新的"直观官能"(Organ der Anschauung),它的适用范围更为普遍,几乎适用于全部对象。这样一个时代是绝不会过去的,除非有一个新的世界产生出来,以一种准确无误的方式把那些没有积极参与进来的人埋葬在虚无之中。为了保护和培育一个高贵的事物,我们只能信任青春世界的清新的、纯洁的力量。没有任何人被排除在这个共同努力之外,因为在他抓取的每一个部分里面,都包含着普遍的重生过程的一个环节。为了 [V, 214] 成功地参与到这个重生过程中,他本人必须得到整体精神的感召,把他从事的科学理解为一个有机的环节,预先认识到这门科学在一个正处于形成过程中的世界里承担的使命。而为了做到这一点,他必须要么自己做出努力,要么接受别人的帮助,而且这些事情必须在这样一个时间段就去实施,那时他尚未对于各种陈腐的形式感到麻木不仁,他内心里的那点来自上界的火花也尚未通过外界的长期影响或自甘堕落而泯灭,也就是说,他必须在较早的青年时期,并且按照我们的安排,在学术研究的起步阶段做这些事情。

  他应当从谁那里获得这些认识呢?在这个方面,他应当信任谁呢?最好是信任自己,信任那个稳妥指路的上界守护神;[①]然后是信任这样一些人,这些人以一种最明确的方式表明,他们

[①] 每一个人都有一位内在的朋友,他的各种天赋在青年时期体现得最为充分;只有轻浮才会赶走这位朋友,而那些自甘平庸的追求最终让他完全沉寂下来。——谢林本人批注(从这里开始,就和以前一样,附加了作者在一本样书里面写下的批注,这些批注部分在正文中放在方括号里,部分表现为脚注。——原编者注)

已经通过自己从事的特殊科学而有资格获得关于科学整体的一些最高级的和最普遍的观点。无疑,如果一个人本身对于科学不具有一个普遍的理念,那么他绝不可能在其他人那里唤起这个理念。反之,一个研究低级科学和局部科学的人,即使其勤奋是值得称道的,但他终究没有能力上升到一种对于科学的有机整体的直观。在总体上,并且就一般而言,这种直观只能出现在全部科学之科学亦即哲学那里,而就特殊事例而言,这种直观只能出现在这样一位哲学家那里,他从事的特殊科学必须同时也是一种绝对普遍的科学,也就是说,他的追求本身必须已经指向认识的总体性。

[V, 215] 先生们,正是这些考虑促使我开设这门讲授课,而通过之前所述,你们可以轻松地认识到这门课程的目的。至于我究竟能够在多大程度上满足我自己对于这样一门课程预设的理念,随之满足我自己的目的,这个问题对我来说不是一件难事,因为你们一直以来都对我充满了信任。而我在这里所做的努力,就是要表明,我配得上你们的信任。

请容许我略过一切单纯属于导论和准备工作的东西,从这里直接跨越到一个理念,它是我们随后的整个研究工作的前提,而如果没有它,我们将寸步难行,绝不可能完成我们的任务。这个理念所指的,是一种自在地看来本身就无条件的知识,它完完全全仅仅是唯一的一个东西,在它里面,全部知识也仅仅是唯一的一个东西;这是一种原初知识,它仅仅在显现出来的观念世界的不同层次上生枝发芽,逐步成长为一棵巨大的、完全不可估量的知识之树。作为全部知识之知识,它必定以一种最完满的方式,不仅在特殊情况下,而且绝对普遍地满足和包含着任何种类的知识的要求或前提。人们可以把这个前提表述为"与对象一致",表述为"特殊东西完全消融在普遍者里面"或别的什么,关键在于,无论是就一般情况而言,还是就特殊情况而言,这个前提都离不开一个更高的前提,即"真正的**观念东西**本身无需任何中介,同时也是真正的**实在东西**,除了它之外,没有任何别的东西"。真正说来,我们在哲学里面不可能证明这个事关本质的统一体本身,因为它才是全部科学性的入口;哲学只能证明这一点,即如果没有这个统一体,就没有任何科学;哲学还可以证实,在一切有权利成为科学的东西里面,人们真正追求的,就是这种同一性,或者说是这样一个目标:既能够让实在东西完全消融在观念东西里面[也能够反过来把观念东西完全转化为实在东西]。

当各门科学赞美事物或整个自然界的普遍规律的时候,当它们努力想要认识这些规律的时候,已经无意识地立足于这个前提。它们所追求的目标,就是把各种具体的东西,把那些在特殊现象里面无法进一步深入的东西,纳入到一种纯粹的明晰性里面,为一种普遍的理性认识所洞察。在知识的一些更为局部 [V, 216]
的层面上,在各种个别情况下,人们都在使用这个前提,只不过他们没有能力以一种普遍而绝对的方式理解它(就像在哲学那里一样),因此也不愿意承认它。

反之,几何学家在某种程度上已经自觉地把他从事的科学建立在绝对观念东西的绝对实在性之上。当他证明,在每一个可能的三角形那里,三个内角之和都是等于两个直角,这时他既不是通过与一些具体的或现实的三角形做比较,也不是直接从它们出发,而是从三角形的原型出发来证明他的这个知识:他直接知道这件事情,因为他是从那种绝对观念意义上的知识出发,而基于这个理由,那种知识同时也是一种绝对实在意义上的知识。假若人们想要把"知识如何可能"这个问题限定在单纯有限的知识上面,那么这种知识所掌握的经验性真理绝不可能通过一个关系而触及人们所说的"对象"——因为,除了通过知识之外,人们如何可能以别的方式触及对象呢?就此而言,有限的知识也是根本不可理解的,除非那个自在的观念东西,那个在普通知识看来仅仅内化(eingebildet)在有限性之中的东西,本身就是事物的实在性和实体。

但是,全部科学的这个第一前提,即无条件的观念东西和无条件的实在东西的本质统一体,只有在这种情况下才是可能的,即**同一个东西**既是无条件的观念东西,同时也是无条件的实在东西。这个东西就是绝对者的理念,其意思是:对绝对者来说,**理念**也是**存在**。就此而言,**绝对者**也是知识的那个最高前提,是最初的知识本身。

通过这个最初的知识,所有别的知识都包含在绝对者之内,本身都是绝对的。也就是说,虽然原初知识按其完满的绝对性而言,原本仅仅栖息在那个作为绝对观念东西的绝对者之内,但它作为全部事物的本质,作为我们自身的永恒概念,毕竟内化在

我们自身之中，因此我们的知识在总体上已经被规定为那个永 [V, 217]
恒知识的一幅肖像。不言而喻，我在这里所说的不是那些个别
科学，因为它们已经脱离了这个总体性，脱离了它们的真实原
型。诚然，只有一种普遍的知识才能够成为那种模范知识的完
满反映，但不管怎样，一切个别知识和一切特殊科学都已经作为
一个有机部分包含在这个整体之内。所以，任何一种知识，如果
它不是以直接的或间接的方式——无论这里面有多少中介环
节——与原初知识相关联，就不会具有任何实在性和意义。

一个钻研个别科学的人，他是否具有精神，是否具有那种更
高的天赋（即人们所说的"科学天才"），取决于他是否有能力看
到全部东西（包括个别知识）与那个原初的、唯一的东西的联
系。任何一个思想，如果不是在这个大全一体（Ein- und Allheit）
的精神里面得到思考，那么它本身就是空洞的，是应该被谴责
的；任何一个东西，如果没有能力和谐地融入这个活生生的、运
动着的整体之内，那么它就是一个僵死的废物，并且迟早会依照
有机法则而被排除出去；当然，在科学的王国里也有着足够多的
无性的工蜂，①这些人因为没有生殖能力，只好到处喷射肮脏的
排泄物，打上他们完全缺乏精神的印记。

关于全部知识的使命，我已经说出了那个理念。就此而言，
关于科学的尊严，我也没有什么更多的话要补充。因此在接下
来的论述中，我所提出的科学的形成过程和接纳过程的各种规

---

① 在稍后发表的《哲学与宗教》（1804）序言里，谢林同样使用了"无性的工蜂"这一比
喻，用来讽刺那些在科学里面没有创造力，只懂得追求各种"学术热点"的人（Vgl.
VI, 15）。——译者注

范，都是仅仅基于这个唯一的理念。

　　根据哲学史家的记载，直到毕达哥拉斯那个时代，科学的通行名字都是"σοφία"［智慧］，是毕达哥拉斯最先把这个名字转化为"φιλοσοφία"，即"爱智慧"，而他的理由是，除了神以外，没有任何人是智慧的。且不论这个记载的历史真实性，不管怎样，那个更名的理由本身就已经表明，全部知识都在追求与神圣知识的统一，或者说，全部知识都分享了那种原初知识，其形象是可见的宇宙，而其出生地则是永恒权力的首府。按照这个观点，既然全部知识都仅仅是唯一的一种知识，既然每一种知识都仅仅作为一个环节而融入到整全的有机体之内，那么全部科学和全部种类的知识都是唯一的一种哲学的组成部分，因为哲学追求的目标就是要分享那种原初知识。

　　一切直接起源于绝对者，把绝对者当作根源的东西，本身都是绝对的。就此而言，一切东西都不具有自身之外的目的，一切东西本身就是目的。唯一的一个宇宙有两个同样绝对的现象，其中一个是整全意义上的知识，另一个是存在或自然界。在实在东西的领域里，有限性占据着支配地位，而在观念东西的领域里，无限性占据着支配地位；实在东西通过必然性而存在着，而观念东西应当通过自由而存在着。人，一般意义上的理性存在者，是作为世界现象的一个补充而被制造出来的：从他那里，从他的行为那里，应当发展出某些东西，以完善上帝的启示，因为自然界虽然接纳了完整的神性本质，但它自身仅仅处于实在东西的层面；理性存在者应当把同一种神性本性的自在的形象本

[V, 218]

身表现出来,而这只能发生在观念东西的层面。

关于科学的无条件性,有一个非常流行的反对意见,对此我们已经有所预料。站在这个反对意见的角度,我们甚至可以提供一个比通常说法更高级的说法,即在绝对者的无限呈现里,知识本身仅仅是一个部分,仅仅是一个手段,而行动才是目的。

"行动,行动!"——这个口号虽然随处可闻,但叫得最响亮的,恰恰是那些对于知识一筹莫展的人。

本身说来,对于行动的要求是值得赞赏的。人们以为,每一个人都能够行动,因为行动取决于自由意志,仅此而已。至于知识,尤其是哲学知识,则不是每一个人的菜,而且如果缺乏另外一些条件,根本就不会带来任何收益。 [V, 219]

针对上述反对意见,我们立即提出这样一个问题:"什么样的行动会把知识当作手段,什么样的知识会把行动当作目的呢?"

关键在于,知识和行动之间的这个对立,其根据究竟是什么呢?

我在这里必须提请大家注意一些命题。虽说这些命题只能通过哲学而得到完满而完整的揭示,但至少在当前的语境下,它们还是不难理解的。只要一个人一般地认识到绝对者的理念,他就会发现,在绝对者里面,对立之所以可能,只有唯一的一个根据,相应地,如果绝对者毕竟包含着对立,那么全部对立必定都是起源于那个唯一的根据。绝对者的本性在于,其作为绝对的观念东西,同时也是绝对的实在东西。这个规定包含着两个可能性:首先,绝对者(作为观念东西)能够把自己的本质性塑造为形式(作为实在东西);其次,因为形式在绝对者里面只能是一个绝对的形式,所以绝对者能够以一种永恒相同的方式把形式重新消解到本质之内,使本质和形式完全融为一体。原初知识的唯一行动就是立足于这两个可能性;然而原初知识是绝对不可分割的,也就是说,原初知识完完全全是实在性和观念性,既然如此,在绝对知识的每一个行为里面,这个不可分割的二元性都必须有所表现,以及,无论是在显现为实在东西的整体那里,还是在显现为观念东西的整体那里,实在东西和观念东西都必须构成一个单一体。自然界作为一幅肖像,表现着一种从观念性到实在性的神圣转化,与此同时,从实在性到观念性的转化通过光,并且最终通过理性而表现出来。反过来,在那个显现为整体的观念东西里面,必然同样存在着一个实在的方面和一个观念的方面,前者表现出观念性在实在性(这是一种观念意义上的实在性)里面形成的统一体,而后者则是表现出相反类型的统一体。前一种类型的现象是知识,因为在知识里面,主观性显现为一种客观的东西;后一种类型的现象是行动,因为在行动里面,特殊性被接纳到普遍性之内。①

[V, 220]

即使我们仅仅通过一些极端抽象的说法来理解这些关系,也足以认识到,在原初知识的纯粹同一性的范围之内,两个统一体分别显现为知识和行动。只有一种纯粹有限的认识方式才会将二者视为相互对立的。事情本身很清楚,在知识里面,无限者

---

① 参阅谢林:《论自然哲学与一般意义上的哲学的关系》(V, 122)。——原编者注

以一种观念的方式内化在有限者之中,而在行动里面,有限性以同样的方式内化在无限性之中,既然如此,在理念或自在体(An-Sich)那里,无论是有限性还是无限性都表达出了原初知识的同样绝对的统一体。

普通知识和普通行动仅仅以一种有条件的、渐进的方式所设定的东西,在理念里面以一种无条件的、同时的方式而被设定。正因如此,在普通知识和普通行动那里,知识和行动必然显现为分裂的,而在理念里,由于知识和行动具有同样的绝对性,所以它们是同一个东西,正如在作为全部理念之理念的上帝那里,绝对智慧由于自己的绝对性,直接也是一种无条件的权力,无须把理念当作一个先行的目的而去规定行动,就此而言,它同时也是一种绝对的必然性。

不管是这些对立,还是所有别的对立,只要它们出现,就意味着一件事情,即人们没有把其中任何一方看作是绝对的东西,而是仅仅用有限的知性来理解它们。就此而言,知识和行动之所以形成对立,唯一的原因在于,人们无论对于"知识"还是对于"行动"都仅仅具有一个不完满的概念,而这件事情的原因,则是由于人们把知识理解为行动的手段。然而一种真正绝对的行动不可能把知识当作手段,因为它既然是绝对的,就不可能经受一种知识的规定。同一个统一体,不但在知识里,而且在行动里形成了一个绝对的基于自身的世界。我们在这里所说的,既不是指现象中的行动,也不是指现象中的知识:这两个东西是休戚与共的关系,因为双方都只有在和对方相对立时才具有实在性。①

---

① 参阅前述文本。——原编者注

那些把知识当作手段，把行动当作目的的人，其心目中的"知识"无非是指他们在日常生活中获得的普通知识，因此必然是一种作为手段的知识。他们认为，哲学应当教导他们在生活中如何履行自己的义务，为此他们需要哲学；但他们之所以履行义务，并不是出于一种自由的必然性，而是屈服于科学放到他们手中的一个概念。他们认为，一般而言，科学的用处就在于给他们提供一片田地，以便完善他们的生计或恢复他们已经消耗掉的精力。他们认为，几何学是一门美好的科学，但这并不是因为几何学具有最纯粹的明晰性，是理性的最客观的表现，而是因为几何学教人如何丈量田地，如何建造房屋，或使商业航海成为可能；至于几何学也可以用于战争，则是对它的价值的贬低，因为他们坚持认为，战争完全有悖于一种普遍的仁爱。哲学根本就不能用于前一方面，或者说至多只能用于后一方面，即向科学里面的平庸之辈和唯利是图者宣战，但正因如此，他们认为哲学在根本上是一种极为恶劣的东西。

与此相反，另外一些人根本不懂得知识和行动的那个绝对统一体的意义。于是他们到处宣扬这样一些流俗的反对意见："假设知识和行动是同一个东西，那么只要有知识，就必定会有行动；但现实的情况是，人们能够知道如此之多的正确东西，却没有因此去行动；因此，那个假设是错误的。"诚然，知识并不导致行动，他们在这一点上是完全正确的，而通过这个反思，他们恰恰表明，知识不是行动的手段。他们的唯一错误在于，竟然会期待有一个从知识到行动的秩序。他们不懂得两个绝对者之间

的关系,不理解两个特殊东西本身如何可能是无条件的,于是把 [V, 222]
行动和知识在"目的—手段"关系下都看作是一个有所依赖的
东西。

除非是基于同样的绝对性,否则知识和行动绝不可能处于
一种真正的和谐关系之中。任何真正的知识都是原初知识的一
个直接的或间接的表现,同样,任何真正的行动都是原初行动或
神性本质的一个直接的或间接的表现(无论这里面有多少中介
环节)。至于人们在经验行动中寻找的,或自以为已经发现的那
种"自由",并不是真正的自由,毋宁说,它和经验知识中的"真
理"一样,都是一个错觉。真正的自由只能是一种基于绝对必然
性的自由,① 而这种自由和绝对必然性的关系本身又等同于绝
对知识和绝对行动的关系。②

---

① 这种自由必须和必然性整合在一起。——谢林本人批注
② 就此而言,必然性是在自由之中(亦即在行动自身之中)建立起来的。反过来,唯有
在一种真正绝对的知识那里,才同时包含着绝对必然性和绝对自由。——谢林本
人批注

第二讲　论学术机构的科学使命和道德使命

一方面,"学术研究"(akademisches Studium)这一概念把我们引回到一个更高的概念,即各门科学的一个已有的整体,一个我们尝试通过其最高理念即"原初知识"(Urwissen)来理解把握的整体;另一方面,这个概念把我们导向一些特殊的条件,借助这些条件,各门科学在我们的学术机构里面得到教导和传授。

诚然,对一位哲学家而言,不去理睬当前的各种形式的学术机构,而是直接给科学的整体勾画出一幅独立的肖像,并且指出哪种基础知识对应于这个自在的整体,这似乎是一件更加光彩的事情。尽管如此,我相信能够在接下来的论述中证明,按照近代世界的精神,这些学术机构恰恰是必然的,而且至少在相当长的一段时间之内,它们将作为一些外在条件而存在,以确保科学的不同类型的教育要素相互交流,直到它们达到完全融合的地步,一个更美好的组织机构才会最终沉淀下来。

在之前的论述中,我们已经指出,为什么一般意义上的知识的现象会落入到时间之内。一方面,观念东西和实在东西的统一体在有限性那里折射为一个封闭的总体性,即自然界,并且在空间里面表现出来;另一方面,这个统一体在无限者那里借助

"无尽的时间"这一普遍形式而得到直观。然而时间并不排斥永恒性,虽然科学的现象是时间的一个产物,但其真正的根据却是一种居于时间正中心的永恒性。一切真实的东西,一切自在地看来公正的、美好的东西,就其本性而言都是永恒的,它们居于时间的正中心,与时间没有任何关系。只有当科学通过一个个体表述出来,它才和时间有关。自在的知识和自在的行动一样,都与个体性无关。真正的行动是那种仿佛能够在整个族类的名义下发生的行动,同样,真正的知识[仅仅]是那样一种知识,在那里,不是一个个体在认知,而是理性在认知。① 科学的本质是独立于时间的,其表现在于,科学是种属的事情,而种属本身是永恒的。因此,科学必然和生命及实存一样,既是个体与个体之间的传递,也是种族与种族之间的传递。简言之,"传承"(Überlieferung)是科学的永恒生命的表现。这里我们没有必要列举全部理由,来证明当前人类的全部科学和艺术都是一种传承下来的东西。我们根本不能想象,任何一个现在这个样子的人,是单单凭靠他自己而从本能上升到意识,从动物性上升到理性。因此在当前的人类之前,必然有另一个先行的人类;远古的传说永恒地纪念着那个人类,把他们看作是当前人类的诸神和赐福者。关于一个"原初民族"的猜想可以解释一些事情,比如前世的一个更高文明遗留下来的痕迹,我们在各个民族的最初分裂之后还能够找到其已经严重变形的一些残存;此外,如果人们不

---

① 参阅谢林:《论哲学中的建构》(*Ueber die Konstruktion in der Philosophie*),《谢林全集》第5卷,第140页(V, 140)。——原编者注

愿相信有一个居于万物之内的"大地之神",这个猜想也可以解释最古老的一些民族的神话传说的一致性。但是这个猜想不能解释**最初的**开端,而且它和任何经验猜想一样,只会把真正的解释悬搁起来。

[V, 225]

无论如何,大家都知道,那些更高理念的最初传承手段就是各种行为、生活方式、习俗、象征等等,正如在最早的那些宗教里面,其教义也仅仅包含在一些关于宗教习俗的指示之中。各种国家制度、法律,还有那些为了确保神性本原在人类中的统治地位,〔以及为了支持神性本原与非神性本原的斗争〕而建立起来的个别机构,就其本性而言,同样也是一些思辨理念的表现。书写文字的发明最初只是为传承提供一个更大的保障,〔使人们不至于遗忘那些象征的意义〕;至于另外一种想法,即在言谈的精神性内容中进而留下一个形式和艺术表现,以获得一种持久的价值,则是后来才出现的。正如在人类自身的最美好的精华事物里面,道德性好像并不属于一个个体,而是属于整体的精神,来自于这个精神,又返回到这个精神,同样,科学也是活在公众生活中,活在一个普遍的组织机构的光明和以太里面。只有到了后来,人们才排斥实在东西,使生命成为一种内在的东西,而对科学而言,同样也是如此。无论就整体意义上的科学还是就特殊科学而言,近代世界都是一个分裂的世界,一个同时活在"过去"和"现在"当中的世界。全部科学都表现出这样一个特点,即后世必须从一种历史知识出发,把一个已经沉沦的世界——其中有着艺术和科学的最辉煌和最伟大的现象——抛在身后,一方面已经通过一个不可跨越的鸿沟[和大量的粗俗事物]而与之分裂,另一方面又貌似与之联系在一起,但这种联系不是基于一种有机的—持续的教化的内在纽带,而是仅仅基于历史传承的外在纽带。在我们欧洲,伴随着各门科学的重新起步,人们激发起来的热情没有办法安静地或专注地从事于独立创造,而是只想要直接地理解、赞美、解释过往的辉煌事物。关于那些原初 [V, 226]
对象,过去已经有一些知识,这些知识本身又成为一个新的对象;既然如此,因为对于已有知识的深入探究本身需要借助当前的精神,所以"学者""艺术家"和"哲学家"成了同义词,而且,只要一个人不要斗胆用自己的思想来充实已有知识,他就会得到最高赞赏。一个埃及祭司曾经对梭伦说,希腊人永远都是年轻的,①相比之下,现代世界在其青春时期已经是老态龙钟和成熟老到。

对于科学史和艺术史的研究已经成为一种宗教:人们相信,透过科学和艺术的历史,哲学家仿佛以一种更加明确的方式认识到世界精神的各种目的,因此无论是那种最基础的科学,还是那些最深刻的天才,都已经全身心地投入到这个认识里面。

[按照一条必然的法则,与外在世界的各种运动相对应,有一些虽然更为宁静,但却同样直达根基处的转化活动,这些活动是在人的精神自身之内发生的。有些人相信,精神的变化、科学里面的革命、科学产生出来的理念,还有那些透露出一个特定的科学天才或艺术天才的作品,都不是必然的,不是按照一条法

---

① 参阅柏拉图:《蒂迈欧》(22b)。——译者注

则,而是通过偶然而产生出来的。但这是一种最为粗鄙的观点。诚然,在我们看来,古代世界永远都是神圣的;去朝拜古代世界和前世的遗物,这是虔敬的体现,正如一个笃信而单纯的教徒去寻找一个圣徒的遗骨,这是其宗教信仰的体现。

就像歌德说的那样:

> 朝圣者步履蹒跚,孜孜前行,他是否能够找到,
> 听到,看到,那个制造奇迹的人?
> 不能。时间只管飞逝;你找到的只是遗物,
> 他的头盖骨,还有他的一些残肢断臂。
> 我们这些向往古代世界的人,全都是朝圣者,
> 我们所信仰的,我们为之欢欣雀跃的,仅仅是一堆残肢断臂。①

[V, 227] 但是,]把过往事物本身当作科学的对象,用关于这些东西的认识来取代知识本身,这就是另一回事了。通过这种意义上的历史知识,通向原型的道路就被封闭了;在这种情况下,人们追问的,不再是某个东西是否与知识本身相一致,而是这个东西是否与某种派生出来的知识相一致,殊不知后面这种知识仅仅是知识本身一个不完满的复制品。比如,亚里士多德在其论述自然界及其历史的著作中,追问的是自然界本身;然而后世完全遗忘了这一点,以致人们竟然把亚里士多德本人的学说当作是另外意义上的一个原型,当作一个权威和见证者,用来反对笛卡

---

① 歌德:《威尼斯箴言诗集》(*Venezianische Epigramme*),第21首。——译者注

尔和开普勒等人关于自然界的明确观点。经过这种类型的历史教育,对于绝大部分所谓的学者来说,理念是没有任何意义和实在性的,除非理念经过另外一些人的加工,已经成为一种属于历史和过去的东西。

我们的学术机构或多或少就是在这种历史知识的精神之上建立起来的,从时间上来说,或许不是在文艺复兴的初期,而是在甚为晚近的时期。看看这些学术机构的整个科学建制,我们只能认为,其出发点完全是由历史博学造成的知识与其原型的分裂。首先,人们必须学习的绝大部分内容都仅仅是为了掌握已有知识,正因如此,人们把知识尽可能划分为各种不同的分支,进而把整体的活生生的有机结构碾压为各种最小的碎片。既然在知识的各个孤立部分亦即各门特殊科学那里,普遍精神已经消失无踪,所以总的说来,它们只能是一种绝对知识的手段。其次,那种碎片化带来的必然后果,就是除开知识的各种手段和相应机构之外,**知识本身**根本没有任何地位,而在这种情况下,很多人干脆把手段当作目的本身,乐此不疲,至于那种唯一的、绝对的知识,则是完全退回到一些最为高端的部分,而且即使在这个地方,无论是在哪个时代,一种自由生命的现象都是很罕见的。

有鉴于此,我们必须首先回答这个问题:"尽管存在着这些局限,尽管我们的学术机构已经处于当前的这些形式,我们是不是仍然可以提出一些要求,以便一个整全的统一体从这个四分五裂的局面中重新产生出来?"为了回答这个问题,我同时必须 [V, 228]

要谈谈,对于学术机构的永恒组成部分亦即教师而言,有哪些必然的要求。关于这个问题,我愿意在你们前面畅所欲言。学术生涯的开端对于一个[刚刚成年的]年轻大学生而言,意味着第一次摆脱盲目的信仰,他应当在这里首先学会,并且训练如何独立做出判断。任何一名配得上这份职业的教师,如果他想要赢得尊重,只能通过精神领域的辛劳工作,通过科学领域的教育和为推广科学教育而付出的努力。只有那些无知和无能的人才会在别的地方寻求得到这种尊重。至于我在这件事情上为什么要畅所欲言,还有一个更重要的,基于以下观察的理由。也就是说,在某种意义上,只有当大学生自己对学术机构和其中的教师提出一些要求,这些要求才有可能得到满足。而且,只要科学精神在大学生那里被唤醒,就会反过来对整体产生有益的影响,因为这个精神一方面通过一些严格的要求而吓退那些懒惰的人,另一方面则把那些有能力满足要求的人吸引到这个影响范围之内。

[V, 229] 我们的要求来自于事情本身的理念,即应当在普遍者和一种绝对知识的精神里面对待全部科学。针对这个要求,人们或许会质问,我们应当从哪里找来这样一些教师,让他们从事这份工作呢?但这个质问是无效的。因为,那些教师恰恰是从当前的学术机构那里获得他们的初步教育:人们只需给予这些人精神上的自由,不要用一些根本不适用于科学关系的顾虑来限制他们,在这种情况下,这些教师就会自己教育自己,他们不但能够满足那些要求,而且反过来有能力教导别人。

或许人们会问,打着科学的旗号对学术机构提出各种要求,这真的是一种合适的做法吗?毕竟,大家早就心知肚明,学术机构是国家的工具,国家是怎样规定的,学术机构就必须是怎样的。现在,假若国家的目标根本就是要让科学造成一种平庸和克制的效果,把人们限定在普通事物或有用事物上面,在这种情况下,人们如何能够指望,教师们会始终心甘情愿地按照理念来塑造他们从事的科学呢?

不言而喻,我们有一个共同的前提,而且我们必须有这样一个共同的前提,即国家愿意看到学术机构确实是一些具有科学意义和价值的机构,而我们在这件事情上的所有主张,都只有在这个条件下才是有效的。无疑,国家有权力完全取消各种学术机构,或把它们转化为一些技工学校或服务于其他实用目的的学校;但是,只要国家追求的是最优秀的东西,它就必然会追求理念的生命,追求一种最为自由的科学运动,否则的话,那些渺小的、在绝大多数情况下仅仅是为了照顾无能的人而制定的措施只会驱逐天才,让各种天分沉寂下去。——[人们对于大学的通常观点是:"它们应当为国家培养奴仆,把人们培养为实现国家目的的完满工具。"即便如此,假若不是通过**科学**,这些工具无疑也是没法培养出来的。因此,即使人们追求的是那个教育目的,他们必须也追求科学。但是科学一旦被降格为单纯的工具,就不再是科学,不可能单凭它自己而得到赞助。只要人们拒斥理念(其理由是,它们对于通常的生活来说没有用处,不具有任何实用价值,不能用在经验里面),科学就不可能单凭它自己而得到赞助。说到"经验",上述情况尤其有可能发生,因为眼前的这种经验,或人们所谓的经验,恰恰是由于抛弃了全部理念而成为眼前的样子,正因如此,它不可能和理念和谐一致。问题在于,什么东西是正确的经验,什么东西是现实的经验,这些只有通过理念才能得到规定。当然,假若经验是**真实的**经验,那么它肯定是一种好东西,然而经验究竟是不是真实的,经验究竟在什么意义上是真实的,还有,在经验里面,那真正被经验到的究竟是什么东西,这些都是巨大的问题。比如,据说牛顿光学是完全基于经验的,但只要人们掌握了光的**理念**,用它来考察牛顿光学的基本思想及各种推论,就会发现这个理论是错误的。——同样,医生所声称的经验在某些方面也和一种正确的来自于理念的理论相矛盾;比如,当医生自己首先提出一些症状,然后宣称这是一种自发的自然作用,这里无疑不是一种纯粹的经验:毋宁说,假若医生从一开始就按照一个正确的、来自于理念的观点来治病,那么那些现象根本就不会出现在他的眼前,他也不会把它们看作是他的**经验**,或至少不会认为这些现象与一种真实的理论相矛盾。康德关于实践理念所说的一些话,也适用于理论理念,也就是说,没有什么东西比诉诸经验更有害和更不体面的了,因为,假若人们从一开始就按照一些更高的观点,而不是按照一些粗陋的概念来看待经验,那么那种所谓的"经验"根本就不会存在。——话说远了,现在我言归正传。]

外在的完整性还远远不能制造出知识的全部部分的真正的、有机的[整全]生命,毋宁说,这种生命只有通过"大学"——

正如其名称标示的那样①——才能建立起来。这就需要一个共同精神[的生命本原],而共同精神又是来源于一种绝对科学,至于那些个别科学,则是这种绝对科学的工具或客观实在的方面。我在这里还不能具体展开这个观点,但有一点是很清楚的,即我们并不是像人们迄今所做的那样,试图把哲学应用到所有专业领域,甚至应用到一些对它而言最低级的对象上面,以致就连农业、接生术、包扎术等等,也要努力赋予其一种哲学意义。那种最愚蠢的[并且对于哲学家而言最为可笑的]事情,莫过于一些法学家或医生的做法,他们企图给自己的知识谋取一种[外在的]哲学声望,但实际上,他们对于哲学的各种基本原理根本就是一无所知的。这就好比一个根本不懂欧几里德几何学基本原理的人,居然想要对一个球体、圆柱体或其他形体进行测算。 [V, 231]

我所说的仅仅是绝大多数客观科学里面的一些毫无章法的人,他们看起来对于思维艺术(尤其是逻辑法则)根本一无所知。除此之外,我所说的是那样一些愚笨的人,他们的思想永远不能提升到特殊东西之上,更不知道,即使在感性质料之内,也有非感性的东西或普遍者呈现出来。

只有那个绝对的普遍者才是理念的源泉,而理念乃是科学的生命本原。如果一个人把他的特殊专业仅仅看作是一个特殊专业,既没有能力认识到其中的普遍者,也没有能力在其中从事

---

① "大学"(Universität)一词起源于拉丁语的"universitas magistrorum et scolarium"(教师和学生共同体),在其字面上就包含着"整全"的意思。——译者注

一种普遍的—科学的教育,那么他根本没有资格成为科学的教师和守护者。诚然,他可以在很多方面成为有用之才,比如作为物理学家去安装避雷针,作为天文学家去制定历法或作为医生用电疗法去治病,如此等等;但是"教师"这份职业对人提出的要求,却是远远高于手工技巧。李希滕贝格①说:"专门科学田地的耕耘,如果分配给各位**雇农**去做,或许能带来巨大的收益;然而哲学家始终关注着整体的联系,他的理性始终追求着统一体,所以每前进一步,他的理性都警告他不要过于关注个别田地,因为它们经常带来慵懒和局限性。"很显然,李希滕贝格之所以成为他那个时代最聪明的物理学家和该专业最优秀的教师,并不是因为他在这门科学里面具有什么特殊的才华,而是因为他掌握了一个已经达到普遍性的精神的理念,能够让这些理念与物理学融会贯通。

[V, 232]

在这里,我必须谈到那些从事特殊专业的人的一个观念。我们曾经对这些人提出一个要求,即他们应当在整体的精神里面对待自己的特殊专业。于是他们以为,按照这个要求,应当把特殊专业看作是**单纯的**手段。但事情的真相毋宁正相反。也就是说,每一个人都应当通过这个方式而在整体的精神里面推动他从事的科学,即把这门科学看作是目的本身,看作是一种绝对的[和独立的]东西。自在地看来,没有任何一个环节能够作为单纯的手段而融入到一个真正的总体性之内。任何一个国家,

---

① 李希滕贝格(G. C. Lichtenberg, 1742—1799),德国著名的启蒙主义者、讽刺作家、政论家、科学家,擅长以"箴言"的方式进行创作,对后世影响极大。——译者注

只要其中的每一个个别成员都既是整体的手段,同时就其自身而言也是目的本身,那么这个国家就是完满的。正因为特殊东西在其自身之内是绝对的,所以它才位于绝对者之内,成为绝对者的一个整合部分,反之亦然。

一个学者应当把他的特殊领域看作是自在的目的本身,甚至把它看作是全部知识的中心,进而扩张为一种无所不包的总体性[在其中把整个宇宙反映出来]。他愈是这样做,就愈是努力想要表现出这个特殊领域里面的普遍者和理念。反之,如果他愈来愈没有能力理解这个特殊领域的普遍意义,他就会自觉或不自觉地愈加倾向于把它仅仅理解把握为一个手段,因为,只要一个东西不是自在的目的本身,它就只能是手段。对于每一个自视甚高的人而言,这件事情必然是难以忍受的,于是在这种情况下,这些狭隘而平庸的人通常都会聚到一起,他们对于科学缺乏**真正的**兴趣,或者说他们唯一感兴趣的是,科学可以作为手段而服务于一些非常实际的、外在的目的。

我清楚地知道,有很多人,尤其是那些仅仅从功利出发来理解全部科学的人,全都把大学看作是一些单纯传承知识的机构,看作是这样一个行会,其唯一的目的在于,每一个人在其青年时期能够学习他那个时代的科学成果,至于某些教师除了讲授已有知识之外,也通过自己的发明而推进了科学发展,在他们看来,这不过是一件纯属偶然的事情。——问题在于,即使我们承认,学术机构最初就是(而且应当是)以此为目标,但人们无疑同时还有一个别的要求,即知识的传承应当是伴随着精神而发生 [V, 233]

的，否则的话，人们就没法理解，学术机构里面的那些活生生的授课还有什么必要，也就是说，何不干脆让学生们直接阅读那些专门为他们而撰写的通俗手册或各个专业的厚厚的知识汇编呢？毫无疑问，为了做到一种伴随着精神的知识传承，人们必须有能力准确地、敏锐地、全面地理解把握其他人在过往时代和当前时代的那些发明。很多发明属于这样一种类型，它们的最为内在的精神只有通过一个同类型的天才，通过一种现实的后起发明（Nacherfinden），才能得到理解。在某些科学里面，如果一个人仅仅传承知识，那么他在很多情况下传承的都是完全错误的知识。试问，在那些关于古代哲学的历史记述里面，在那些关于某一位古代哲学家乃至近代哲学家的历史记述里面，有哪一个取得了稳妥的成功，有哪一个真正阐明了它的对象呢？——无论如何，只要一个人把他从事的科学仅仅当作是一笔外来的财富，而不是亲自占有它，只要他没有为此具备一个稳妥的、活生生的官能，不能在每一个瞬间重新创造出这门科学，他就是一个没有资格从事科学研究的人，毋宁说，当他试图以单纯历史学的方式传承古代或当代的思想的时候，就已经越过了自己的界限，已经在做一件他力所不逮的事情。无疑，有很多人觉得，只要在传承的时候加上一些评判，这就是伴随着精神的；问题在于，如果一个人本身缺乏理解理念的能力，那么他根本就不可能全面而正确地理解把握其他人的发明，更不可能对此做出评判。在我们德国，经常下评判的是这样一些人，即使你把他们头足倒置，使劲摇晃，也倒不出一个独立思想；因此这件事情根本不能证明任何东西。像这样一些虚张声势的人，做出的评判对于科学当然没有任何用处。

如果一个人没有能力从自身出发来构建他从事的科学，没有能力通过一种内在的、活生生的直观来阐述这门科学，他必然只会用一种历史学的方式来讲授这门科学。比如在哲学里面，诸如这样一类说法是非常有名的："如果我们把自己的注意力导向我们自身，就会察觉到人们所说的'灵魂'的各种表现。——人们已经把这些不同的作用回溯到一些不同的能力。——按照这些能力的不同表现，人们把它们称作'感性''知性''想象力'等。"

自在地看来，没有什么东西比这类阐释更缺乏精神，甚至更扼杀精神的了。但是在学术机构的课堂上，除了这种历史的讲授方式之外，还有另一种讲授方式，即发生学（genetisch）的方式。这种活生生的讲授方式的真正优点在于，教师不是采取作家通常的做法，把结论直接摆在大家面前，而是向人们展示，至少通过什么方式能够达到那些更高阶的知识，并且，无论在什么情况下，它都是让科学的整体仿佛在学生的眼前逐步产生出来。假若一个人不是依据自己的建构而占有他从事的科学本身，他如何能够做到，不是把它呈现为一个给定的东西，而是把它呈现为一个有待发明的东西呢？

诚然，如果缺乏一个积极自主的精神，单纯的传承不足以让教师取得其应有的成功。反过来，如果一个人想要成为一门科学的教师，那么他首先必须尽可能地学习这门科学。在任何一门艺术里,甚至是在一门最普通的艺术里,人们都必须首先经历完整的学习,并且通过考试,才能够作为师傅而从事艺术创作。正如人们看到的,在某些大学那里,确实有人轻易就获得了教授职位,尽管如此,人们切不可认为有什么职业比教师职业更为轻松。一般说来,如果有谁以为,只要一个人具有独立创作的冲动,就有资格随便获得一份教师工作,那么这是一个极大的错觉,因为对于一个最有创造力的人而言,学习恰恰是一件最为不可或缺的事情。

[V, 235]

到此为止我们已经考察,即使仅仅按照其最初的设立目标而言,大学也应该是什么样子。我们在谈到设立大学的时候,从一开始就是基于理念的某种片面性,正因如此,大学看起来必须有着更进一步的追求。也就是说,按照这个理念,迄今为止我们都是把大学看作是一种纯粹为了**知识**而设定的机构。

一般说来,既然我们不承认知识和行动之间的对立是一种真实的对立,那么必然会出现这样的情形,也就是说,每当一个东西与另一个东西形成对立,就会趋近于它的绝对性,而它置身其中的那个对立也会扬弃自身。就此而言,如果学术机构做不到一方面是科学的培育地,另一方面也是一个普遍的教化机构,那么知识也将成为一种粗俗的东西。

因此我们在这里必须同时触及学术机构的另一种意义上的建制,即在某种情况下,这种建制对于学术机构的道德使命同样具有一种事关本质的影响。

正如我们看到的,市民社会在很大程度上已经陷入理念和现实性的彻底分裂之中。在这种情况下,因为市民社会遵循的目的完全不同于那些出自理念的目的,所以各种手段成为一种如此强大的东西,竟至于埋葬了目的本身,虽然它们本来是为着这个目的而被发明出来的。既然大学仅仅是为了把各门科学联系起来而设立的,所以,除了国家为了自己的利益而自愿给它们提供的各种外在条件之外,大学只需要举办一些出自于理念本身的活动,用来应对现实事物:在这里,智慧和聪明直接达到了统一;人们只需要做一个科学行会的理念明确规定应当做的事情,就能够使学术机构的建制达到完满。

只要市民社会仍然遵循着各种有损于绝对者的经验目的,它就只能制造出一种虚假的、勉强的同一性,但绝不能制造出一种真正内在的同一性。学术机构只能有一个绝对的目的,除此之外,它们根本没有别的目的。——国家为了达到自己的目的,必定会制造分裂;这不是指不同阶层之间的分裂,而是指一种更加内在的分裂,即通过把个别天赋孤立起来并使之相互对立而形成的分裂;国家必定会压迫如此众多的个体性,把他们的力量导向众多如此不同的方面,以便把他们改造成对国家自身更为有用的工具。在一个科学行会里,就事情本身而言,全部成员只有唯一的一个目的,即在学术机构里面,唯有科学**应当**是准则,唯有天赋和教育造成的差别**应当**得到承认。有些人活着只是为了服务于别的目的,只是为了把时间徒劳无益地消耗在各种与精神无关的满足里面,简言之,有些人是天生的碌碌无为者,就像我们在市民社会里随处可见的那样——通常说来,正是这些

[V, 235]

人在大学里面造成了最为粗俗的影响。我们的大学不应当容忍这样的人，如果一个人不能证明他的勤奋，不能证明他是以科学为目的，我们就应当把他从这里驱逐出去。

如果唯有科学行使统治权，如果所有的人都仅仅为着科学而被接纳进来，那么年轻人就不会得到误导，他们的如此高贵而美好的热情最终就会投入到与理念打交道上面。反之，假若粗俗风气已经在大学里面占据统治地位，或有朝一日重新出现这样的情况，那么这在很大程度上是教师的罪过，或者说是那样一些人的罪过，他们原本应当看护着精神，让精神从大学里面传播出去。

[V, 237] 如果教师仅仅以传播真正的精神为目的，如果教师仅仅认可知识及其完满实现，如果那些德不配位、玷污了教师职业的人的平庸习气不是通过各种普通知识的低贱性本身而得到宽容，那么在年轻大学生的队伍里面，那些除了粗俗之外啥都不懂的人本身就会消失。

科学王国不是民主制，更不是寡头制，或者说，它是最高贵意义上的精英制。那些最优秀的人应当掌权。至于那些依据历史遗案而留存下来的平庸之辈，还有那些通过小打小闹而混杂进科学的队伍，但却大大降低了科学水准的鼓噪之徒，则是应当处于一种完全闲置的状态。本身说来，如果有人在大学里面表现出无知和精神上的无能，那么他们很难避免人们的蔑视。而且，由于这些人几乎总是和可笑的或真正低贱的事物搅和在一起，所以他们成为年轻人的笑料，并且早早地磨钝了一个涉世未深的心灵的天然厌恶感。

只要人们不去支持那些丑恶的东西,那么天赋是不需要保护的。一个有能力掌握理念的人本身就会带来最高的和最决定性的影响。

对于所有科学机构而言,这是唯一的政策,唯其如此,它们才能够蓬勃发展,无论对内还是对外都获得尽可能多的尊严。为了让学术机构尤其成为各种建制的榜样,人们唯一需要做的,就是在避免陷入矛盾的情况下,勇往直前。而且,正如之前说过的,我根本不承认知识和行动之间有一个鸿沟,因此在这个条件下,我也不可能容许学术机构内部存在着鸿沟。

教育的目的是让人们掌握理性思维。我所理解的这种教育,当然不是一种纯粹流于表面的培养,而是一种深入到人类本质自身之内的教育,一种真正科学的教育。也唯有这种教育,能够让人达到理性行动。任何别的目的,只要是游离于科学教育的这个绝对层面之外,都已经通过学术机构的基本使命而被排除在外。

只要一个人从他从事的特殊科学出发,完满地融入一种绝对知识之内,他就依靠自己上升到一个清晰的、深思熟虑的王国。对人来说,最为危险的事情莫过于遭受到各种晦涩概念的桎梏。哪怕这些概念稍稍得到一点限制,人已经颇有收获,而只要他提升到一种绝对的意识,完全在光明的指导下前进,他就已经赢得了一切。 [V, 238]

科学从一开始就把我们的思想导向一种直观,这种直观作为一种持续的自身筹划,直接导向一种自身同一性,随之导向一种真正极乐的生命。经验和生命缓慢地教育着我们,而在这个过程中,时间和力量的损耗是不可避免的。唯有一个献身科学的人,才能够预先推演经验,并且从一开始就直接地、自在地认识到那个本来只能出现在终点的东西,这是一种完美培养出来的、阅历最为丰富的生命的唯一结果。

第三讲　论学术研究的基本前提　[V, 239]

借助于科学的理念，我相信已经充分表明，一个完全献身给科学人应当具有怎样一个崇高的目的。这里我再简单谈谈，对一个选择了这份职业的人，必须提出哪些普遍的要求。

"研究"（Studieren）这一概念本身就已经包含着一个双重的方面，而从近代文化的情况来看，尤其是如此。第一个方面是历史学的方面。就这个方面而言，人们从事的是单纯的**学习**（Lernen）。从我们先前做出的证明已经可以得出，在全部科学里面，人们都必须约束自己的意志，老老实实地去学习。但即使是某些更优秀的人，在满足这个条件的时候也会误入歧途，而究其根源，则是来自于一个很常见的错误认识。

也就是说，他们在从事学习的时候，感受到的是一种被动的强制，而不是一种自主的行动，又因为行动是一种更为自然的状态，所以他们把每一种行动都看作是天赋能力的一个更高表现，但实际上，他们之所以能够轻松地独自做出思考和筹划，并不是因为他们真正满足了创造的冲动，而是因为他们还没有认识到知识的真正对象和真正任务。在从事学习的时候，至少是没有　[V, 240]
选择可言的，哪怕有教师的活生生的讲授作为辅导，也是如此：

人们必须贯通一切东西，无论它们是困难的还是轻松的，是有吸引力的还是不太有吸引力的；在这里，各种任务不是以随意的方式，不是按照某个人的念头或喜好来制定的，而是按照一种必然的方式而制定的。反之，在思想游戏中，人们尽可以按照一种平庸的想象力——这种想象力和对于科学要求的无知是联系在一起的——抓取自己喜欢的东西，丢开自己不喜欢的东西，或者说丢开那种在发明活动和独立思考中只有通过严肃努力才能揭示出来的东西。

即使一个人具有特殊的天赋才能，能够把前人未曾处理的对象放到一些新的领域里面来考察，他必定也是已经通过学习而训练过他的精神，唯其如此，他才能够在某一时刻透彻地理解这个精神。如果缺乏这个环节，无论他如何进行独立建构，其做法都是跳跃性的，其思维都是片断性的。谁想要彻底理解科学，就必须能够把科学推进到总体性形态，让科学达到一种基于自身的确定性，并且没有遗漏任何事关本质的中介环节，而是已经穷尽一切必然的东西。

在那些最高级的科学那里，有一个流行的论调，其观点是，这些科学应当是人人触手可及的，应当适合于每一个人的理解能力。恰恰是这个论调，造成了一个普遍的逃避困难的心态，以至于人们竟然认为，对于概念的不求甚解、适度的肤浅、讨人喜欢的浅薄等等都是属于所谓的"更精致的教育"，到最后，人们干脆把学术教育的目的限定到了这个程度，即对于那些更高的科学，只需浅尝辄止即可，好比对于一位女士，也应当保持适当的距离。

一方面，人们必须承认大学的一个贡献，即它们阻挡了那股标榜"无深刻性"的洪流（遗憾的是，近代教育学还在推波助澜地鼓吹"无深刻性"）。但另一方面，正是因为人们厌倦了大学里面的那种无聊的、散漫的、不具有任何精神活力的"深刻性"，才给那股洪流打开闸门。

每一种科学，除了它的独特方面之外，还有另外一个方面，[V, 241] 即与艺术相通的方面。这就是"形式"的方面，而且在某些科学那里，形式与质料甚至是完全不可分割的。艺术里面的全部优秀事物，一个高贵的质料在合适形式里面的全部塑造，都是起源于一种限制，即精神亲自为自己设定的限制。形式只有通过训练才会获得完整性，因此一切真正的授课，就其使命而言，都应当偏重于形式，而不是偏重于质料[应当更多地练习使用官能，而不是仅仅提供对象。——科学也把艺术当作自己的官能，而艺术只能通过训练而加以传授和学习]。

存在着一些飘忽不定的、摇摇欲坠的形式，它们作为特殊形式，全都把科学的精神掩盖起来，因此它们仅仅是一个天才的不同的显现方式，这个天才在一些永恒清新的形态下返老还童，获得重生。但是在特殊形式里面，有一个普遍的和绝对的形式，相对这个形式而言，特殊形式本身仅仅是一些象征符号；当它们按着一定秩序把绝对形式展现出来，它们的艺术价值也相应地攀升。然而全部艺术都具有一个可以通过学习而被掌握的方面。因此，逃避形式及其所谓的局限性，就是逃避科学中的艺术。

然而真正的领会不是完成于一个给定的、特殊的、只能通过学习而得到掌握的形式，而是基于一个独有的、亲自塑造出来的形式，并在其中重新创造出给定的质料。学习仅仅是一个否定的条件，但如果缺乏一种内在的、基于自身的转化，就不可能有真正的消化。人们为大学生制定的全部准则，都可以归结为这样一条准则："为了你的独立创造而学习！"只有通过这种神性的创造能力，人才成为真正的人，否则的话，他只不过是一台马马虎虎组装而成的机器而已。艺术家在一种更高层次的冲动的驱使之下，从粗糙的原料那里创造出他的灵魂和独立发明的一幅肖像，相应地，如果一个人不是在同样的冲动驱使之下，创造出他的科学的一幅完满肖像，并且让这幅肖像在所有细节方面都与原型达到完满的统一，他就根本没有彻底理解他的科学。

[V, 242] 　　一切创造活动都是基于普遍者与特殊东西的邂逅或融贯。创造活动的秘密在于，敏锐地发现每一种特殊性与绝对性的对立，同时在一个不可分割的行为里面，理解把握到普遍性中的特殊性，以及特殊性中的普遍性。通过这个方式，一些更高的统一点形成了，借助于这些统一点，分裂的东西汇聚到理念那里，至于那些把具体东西融化在其中的程式，即规律，则是"产生自高空的以太，而不是人类的有朽本性制造出来的"。

把认识划分为理性认识和历史认识，是一种惯常的做法，其理由在于，前者包含着对于根据的认识，后者仅仅是一种与事实打交道的科学。人们或许会反驳道，那些根据也只能以历史学的方式被认识到，而在这种情况下，它们恰恰不能被看作是真正意义上的根据。通常说来,如果一些科学比另一些科学更直接地服务于生活用途,人们就赠予前者以"面包科学"的绰号。自在地看来,这个绰号对于任何科学都是不适用的。但如果一个人把哲学或数学当作手段来对待,那么这些科学对他来说确实是一种纯粹的"面包学术",正如对于一个仅仅用法学或医学为自己谋求利益的人来说,那些科学也是一种"面包学术"。一切"面包学术"的特征在于,只求掌握结论,要么对于各种根据完全置之不理,要么只是为了一个外在的目的(比如为了应付考试),去死记硬背那些根据。

人们之所以决定那样做,唯一的原因在于,他们是为了单纯的经验应用而去学习科学,也就是说,他们把他们自己仅仅看作是一个手段。当然,任何一个人,只要他对自己还有一丝的尊重,就不会让自己在面对科学的时候处于如此低下的地位,以至于科学对他而言仅仅作为经验目的的校准而具有价值。这样一种类型的研究,必然会带来如下后果:

首先,哪怕只是正确地掌握接受下来的知识,这也是一件不可能的事情,于是人们必然会错误地应用这些知识,因为他们对于知识的占有不是基于一个活生生的直观官能,而是仅仅基于记忆。大学的各个部门向社会输送了如此之多的"面包学者",这些人对于自己的专业知识了如指掌,倒背如流,唯独不懂得如何把特殊东西归摄到普遍者下面,因为他们对此完全缺乏判断力!活生生的科学性会演变为一种直观;而在这种直观里面,普遍者和特殊东西始终是合为一体的。遗憾的是,"面包学者"缺

[V, 243]

乏这种直观,他在面对一件出现在眼前的事情的时候,不懂得构建任何东西,不懂得自主地进行整合,而由于他在学习的时候不可能预料到一切可能发生的事情,所以他在绝大多数情况下都只会遭到他的知识的遗弃。

另一个必然的后果是,这样一个"面包学者"完全没有能力独立前进;这样一来,他就丢失了人的主要特征,尤其丢失了真正的学者的主要特征。之所以说他没有能力独立前进,原因在于,真正的进步不能用早先的各种学说来衡量,毋宁只能依靠其自身,依靠那些绝对的本原。他所掌握的东西,充其量只是一些不具有精神的知识,一些新近得到赞扬的手段,这个或那个新近出现并激发起好奇心的平庸理论,或某些新的程序,以及充满学究气的"创新"等等。一切事物都必须作为一种特殊东西展现在他面前,才能够被他掌握。因为只有特殊东西才是可以被学会的,而在单纯的学习层面上,一切事物都仅仅是特殊东西。正因如此,他成了一切立足于普遍者的真正揭示的死敌,成了一切他不理解的理念的死敌,成了一切让他感到闹心的现实真理的死敌。如果他不知道如何反抗那些东西,就会有如下一些表现。比如,他会采取那个著名的笨拙方式,用一些陈旧的原则和观点来评价新事物,殊不知新事物恰恰是要推翻这些原则和观点,或者他会用各种理由甚至权威论断来反驳新事物,殊不知那些理由或权威论断只有在科学的早先状态下才是有效的。要不然就是,当他感觉到自己的渺小,就发现自己手里只剩下谩骂或诽谤之类的武器,他在内心里觉得自己有权利使用这些武器,因为每一个新的揭示都确实是一个针对他的人身攻击。

　　对于所有的人来说,他们的研究事业的成功,或至少是这种 [V, 244] 成功的第一个方向,都或多或少地取决于一种情况,即当他们进入到学术机构的时候,其已经接受的教育和掌握的知识达到了什么程度。关于那些基本的外在教育和道德教育,那些对于这个教育层次而言应当已经具备的前提,我就不再浪费口舌了,因为这方面的一切言论本身都是不言而喻的。

　　至于一些所谓的预备知识,人们只能把那种在从事学术研究之前获得的知识称之为"常识"(Kenntnisse)。对于这些常识的扩展而言,无疑也存在着一个点,一旦脱离这个点,无论是过还是不及,正确的东西都无法立足。

　　人们不可能站在常识的层面上掌握或达到那些更高层次的科学。诚然,只要人们在各个方向上都还不能真正触及绝对性,他们就确实没有必要拒绝那样一种知识,其就本性而言是基于绝对性的,同时把这个特征传递给所有别的知识。还有一些科学,虽然它们的素材在某些方面是立足于常识,但这些常识只有在整体的联系里面才能够获得其真正的价值。如果精神还没有通过那些更高层次的科学而掌握这个联系,就去传播其中的常识部分,那么这只能造成一种持久的耽误,而不能带来任何好处。最近一段时间以来,人们满怀教育热情,做出各种尝试,恨不得把中学和小学都完全改造为学术机构,但这种做法只不过是重新助长了科学里面的半吊子作风而已。

　　总的说来,人们有必要在每一个层面上驻足停留,直到他们有确切的把握，可以由此出发继续前进。只有少数人**看起来**有权利跨越某些层次，但真正说来，根本没有这样的事情。**牛顿**在年幼的时候就阅读了欧几里德的《几何原本》，他读这部著作就像读他自己写的一本书，或者说就像其他人读消遣读物一样。唯其如此，他才能够从基础几何学直接过渡到一些更高层次的研究。

[V, 245] 通常说来，上述情况的另一个极端表现，则是极度轻视各种预备学校。人们在进入学术研究之前应该完全掌握的一切东西，都属于科学里面的机械要素。一方面，总的说来，每一种科学都包含着一种特定的机械论；另一方面，科学的普遍理解把握也离不开一些机械的辅助手段，人们只有借助这些辅助手段才能掌握科学。前一种情况的例子，就是在分析有限事物的时候，人们需要做出一些最普遍和最基本的演算；大学教师能够展示这些演算的科学根据，却不能培养出一名算术匠。至于后一种情况的例子，则是关于古代和近代的各种语言的知识，因为唯有这些语言能够开辟一条道路，直指教育和科学的最高贵的源头。总的说来，这里谈论的一切东西或多或少都只能通过记忆而得到掌握，原因在于，当人们年幼的时候，一方面，记忆是最敏锐的，另一方面，记忆总是获得持续不断的训练。

在这里，我将主要谈谈，为什么要尽早开始学习各种语言。在科学教育里面，语言的学习不仅是一个必然的层次（这个层次对于任何一个更高的层次而言都是不可回避的），而且本身就包含着一个独立的价值。

近代的教育艺术反对人们在幼年的时候就去学习各种古代语言。这种做法的理由是如此之苍白无力，根本不值得我们去反驳。这些理由只不过是从一些特殊方面证明了某些概念的平庸性（这些概念是平庸性的基础），而且它们主要来源于一种遭到误解的激情，这种激情依据经验心理学的各种表象，反对过度地去训练记忆力。这方面的经验据说是由某些研究记忆力的学者提供的，这些学者虽然对一切常识都了如指掌，但正因如此，他们不可能获得他们天生就缺乏的东西。除此之外，他们根本不去考虑，如果不具有开阔而生动的记忆力，那么无论是一位伟大的统帅还是一名伟大的数学家，无论是一位哲学家还是一位诗人，都是不可能的。当然，这些人的目标根本就不是要培养伟大的统帅、数学家、诗人或哲学家，而是要培养一些有用的、属于市民社会的、以养家糊口为目的的人。

就我所知，在所有类型的工作里面，没有哪种工作比全力以赴学习古代语言更适合让人在年幼的时候就在觉醒过来的机智、敏锐性、发明创造力等方面获得最初的训练。我在这里所指的不是那种抽象意义上的语言学，因为它作为理性的内在结构的直接表现，乃是一种科学建构的对象。同样，我所指的也不是语文学，因为对语文学来说，语言知识仅仅是一个手段，服务于一个高远得多的目的。只有出于一种误解，一个单纯的语言学学者才被称作语文学家，但实际上，语文学家和艺术家及哲学家一样，站在一个最高的层次上面，或更确切地说，语文学家是艺术家和哲学家的完美合体。语文学家的任务在于对艺术作品和 [V, 246]

科学作品做出一种历史学建构，通过一种活生生的直观来理解把握并呈现出这些作品的形成史。真正说来，只有这种意义上的语文学才应当在大学里面得到传授；学术机构里面的教师不应当是一位语言专家。——现在我回到我最初的主张。

　　自在且自为地看来，哪怕仅仅从文法来看，语言本身就已经是一种不断进步的应用逻辑学。一切科学教育［及一切发明创造的能力］都是基于这样一种技能，能够认识到各种可能性，反过来，普通知识只能理解一些现实事物。当一位物理学家认识到，一个现象在某些条件下是真正可能的，他其实已经认识到，这个现象是现实的。对于一位少年来说，合适的研究语言的方式就是对文本进行释义，尤其是通过校勘而找到一种更好的解读文本的方法，从而认识到各种可能性。这样的话，即使到他成年之后，这些训练仍然能够让他保持着少年时的领悟力，轻松地从事相关研究。

　　对于领悟力的直接教育，就是从一段对我们而言已经死去的文字里面读出活生生的精神，这里的情形和自然科学家在面对自然界时的情形是完全一样的。自然界对我们而言是一个远古的、用象形文字来写作的作者，——"他的纸张是极其巨大的"，就像一位**艺术家**形容歌德时所说的那样。恰恰是那个只希望遵循经验路线来研究自然界的人，看起来最需要一种关于自然界的**语言**知识，以便领会那些对他而言已经死去的言语。对那种更高意义上的语文学来说，事情同样也是如此。地球是一部大书，一部由各个时代的片段和叙事组合而成的书。在地质

[V, 247]

学那里,我们仍然期待着一位堪比沃尔夫①的人物,他能够像后者解析荷马一样解析地球,把它的内在结构展示出来。

现在,除非人们考察科学的各个分支本身,并且建构起这些分支的一个有机整体,否则人们既不可能深入到学术研究的各个特殊部分,也不可能把学术研究的整座大厦建立在最初的根据之上。

有鉴于此,我必须首先呈现出全部科学相互之间的联系,呈现出一种客观性,这种客观性是那个内在的、有机的统一体通过大学的外在部门而维系起来的。

在某种意义上,这个大纲可以说代表着一部普遍的科学百科全书。当然,由于我不是在一种纯粹的、自在的意义上考察这部百科全书,而是始终在我的授课的特殊范围之内考察它,所以你们不能指望,我会在这个课堂上提出一个立足于最高本原,以最严格的方式推导出来的知识体系。总的说来,在这样一门讲授课里,我不可能详尽地讨论那些对象。要做到这一点,只能通过一种现实的建构和证明:有很多东西,我不会去说(虽然这些东西说出来也未尝不可),而我更应避免的,是去说一些本来不应当说的东西。我之所以这样做,一方面是考虑到事情本身的情况,另一方面则是考虑到当前这个时代和科学的处境所提出的必然要求。

---

① 弗利德里希·奥古斯特·沃尔夫(Friedrich August Wolf, 1759—1824),德国古典语文学家,代表著作是1795年发表的《荷马导论》(*Prolegomena ad Homerum*)。在这部著作里,沃尔夫考察了荷马史诗的形成史,重新提出了所谓的"荷马问题"(即"荷马"究竟是不是一个独立的个体)。该书是近代荷马研究的开山之作,在古典语文学界具有无比重大的意义和影响。——译者注

第四讲　论纯粹理性科学
（数学及一般意义上的哲学）的研究

　　一切科学的源头和归宿都是唯一的一个东西，即原初知识；当原初知识内化到具体东西之内，知识的整体形态就从唯一的一个中心点出发，一直延伸到那些位于最边界处的环节。当原初知识通过某些科学而映射出来，仿佛后者是它的一些最直接的官能，当知识（作为映射者）和原初知识（作为被映射者）完全融为一体，那些科学就成了知识的有机身体之内的一种普遍传感器。我们必须从这些"中枢官能"出发，以便引导生命从同样的地方出发，沿着不同的线索而抵达那些位于最边界处的部分。

　　如果一个人尚未亲自占有那种与原初知识合为一体、堪称原初知识本身的知识，我们怎么让他承认有这种知识呢？只有唯一的一个办法，就是向他指出这种知识与其他知识的对立。

　　我在这里没办法解释，我们究竟是通过什么方式认识到某些特殊东西；我在这里只能表明，这种以特殊东西为对象的认识不是一种绝对的认识，正因如此，也不可能是一种无条件真实的认识。

　　对于这个问题，人们不能站在某种经验式的怀疑论的立场

上来理解，这种怀疑论认为，感性表象（即那种完全指向特殊东 [V, 249]
西的表象）之所以不具有真理，是由于一些感官错觉，就此而言，
假若没有光学欺骗或其他欺骗，我们原本能够非常确定地把握
我们的感性认识。同样，人们也不能站在一种粗糙的经验论的
立场上来理解，这种经验论认为，感性表象之所以不具有真理，
一般说来原因在于，那些表象起源于感觉，而感觉是通过灵魂才
传递到灵魂的，因此在这个过程中必然损失了很多原初性；它认
为，知识和存在之间的全部因果关系本身都是属于一种感观错
觉，如果说知识是一个有限的东西，那么这是基于一个内在的而
非外在的局限性。

但是，正因为它总的说来是一种特定的知识，所以它是一种
有所依赖的、有条件的、始终变化不定的知识。那个规定着知识
的东西，那个使知识处于杂多性和差异性中的东西，是**形式**。知
识的**本质**是唯一的一个东西，在全部知识里面都是同一个东西，
正因如此，它不可能是一个被规定的东西。因此是形式把各种
知识区分开来，它在特殊东西那里摆脱了它和本质的无差别，而
在这个意义上，我们也可以把本质称作普遍者。然而形式脱离
本质之后就不再是一种实实在在的东西，毋宁仅仅是一个假象；
在这种情况下，特殊知识单纯就其自身而言并不是一种真实
的知识。

特殊知识与那种纯粹普遍的知识相对立，当后者脱离前者，
就成了一种抽象的知识。在这里，我同样不能解释，这种知识是
如何产生出来的，我只能表明，如果形式在特殊知识那里与本质

不相匹配，那么反过来，知性必然会把纯粹普遍的知识看作是一个缺乏形式的本质。当形式不是在本质之内并且通过本质而得到认识，人们就不知道，如何从可能性出发来理解现实性，正如他们也不知道，如何从永恒实体的普遍概念出发，去认识实体的各种特殊规定和感性规定；正因如此，那些囿于这个对立的人认[V, 250]为，除了普遍者之外，还有归之于"质料"（即各种感性差异性的普遍总和）名义下的特殊东西。反过来，可能性被看作是一种纯粹抽象的东西，一种不可能过渡到现实性的东西。这样一些情况，借用莱辛的话来说，乃是一条"鸿沟"，长久以来就横亘在众多哲学家面前，阻止他们前进。

  很显然，全部真正的绝对知识之所以是可能的，其最终的根据只能是，普遍者同时也是特殊东西，特殊东西——在知性看来，它仅仅是一种缺乏现实性的可能性，仅仅是一个缺乏形式的本质——同时也是现实性和形式：这是全部理念之理念，因此也是绝对者自身的理念。同样明显的是，自在地看来，由于绝对者**仅仅**是这种同一性，所以它不是对立双方中的任何一方，但是它作为对立双方的共同**本质**，随之作为同一性，在现象中只能**要么**呈现在实在东西里面，**要么**呈现在观念东西里面。

  认识包含着两个方面：一方面，现实性先行于可能性，另一方面，可能性先行于现实性。这两个方面也可以作为实在方面和观念方面而相互对立。假若我们可以设想，在实在东西或观念东西**之内**不是只有对立双方中的某一方显露出来，而是二者**的纯粹的**同一性本身显露出来，那么毫无疑问，即使是在现象的范围之内,也可能存在着一种绝对的认识。

由此可知,如果可能性和现实性的纯粹的同一性本身在实在东西里面有一个映像,那么这种同一性既不可能显现为一个抽象概念,也不可能显现为一个具体事物。前一种情况之所以不可能,原因在于,假若同一性是一个抽象概念,它就成了一种与现实性相对立的可能性;后一种情况之所以不可能,原因在于,假若同一性是一个具体事物,它就成了一种与可能性相对立的现实性。

进而言之,由于同一性应当完全显现在实在东西里面,所以它必须显现为一种纯粹的**存在**,随之显现为对于一切行动的否定(就"存在"与"行动"相对立而言)。按照我们之前提出的原理,这个情况必须这样来看待:任何一个与他者相对立的东西,只有当它在自身之内是绝对的,才会同时成为它自己和它的对立面的同一性;就此而言,只有当实在东西在自身之内是一个绝对的存在,随之否定了一切与它相对立的东西,它才会显现为可能性和实在性的同一性。 [V, 251]

很显然,这种否定了全部行动的纯粹**存在**就是**空间**。然而空间既不是一个抽象东西(否则的话,就必然会有诸多空间,而空间在全部空间里面都仅仅是唯一的一个空间),也不是一个具体东西(否则的话,就必定有一个关于空间的抽象概念,而空间作为一个特殊东西与之相比只能是一个不完满的东西)。空间完完全全是它所是的那个东西,存在在空间里面穷尽了概念,也就是说,正因为空间是一个绝对的实在东西,所以它同时也是一个绝对的观念东西。

当同一性显现在观念东西里面,为了确定这是同一个同一性,我们可以直接利用它和空间的对立[也就是说,正因为空间既不是一个普遍者,也不是一个具体事物,所以它表现为普遍者和特殊东西的绝对统一体的一个映像,随之必然与另一个映像相对立]。既然空间显现为一种否定了全部行动的纯粹存在,那么反过来,同一性[即那个与空间相对立的形式]必须呈现为一种否定了全部存在的纯粹行动。但是,正因为它是**纯粹的**行动,所以按照之前给定的原则,它必须同时也是它自己和它的对立面的同一性,亦即可能性和现实性的同一性。这样一种同一性就是纯粹**时间**。没有任何存在就其自身而言是位于时间之内,毋宁说,只有存在的各种变化,作为行动的外化表现,作为对于存在的否定,显现在时间之内。在经验时间里,可能性作为原因,先行于现实性,而在纯粹时间里,可能性也就是现实性。时间作为普遍者和特殊东西的同一性,既不是一个抽象概念,也不是一个具体事物,而在这种情况下,关于空间所说的一切也适用于时间。

[V, 252]

这些证明已经足以让我们认识到以下几点:第一,在对于空间和时间的纯粹直观中,包含着一个真正客观的直观,以可能性和现实性的同一性本身为对象;第二,空间和时间都仅仅是相对意义上的绝对者,因为它们都没有呈现出那个自在的"全部理念之理念",毋宁仅仅是各自在一个分割开的映像中将其呈现出来;第三,基于同样的理由,无论是空间还是时间,都不是自在体

(An-sich)的本质规定；第四，如果二者表现出来的统一体是一种认识或科学的根据，那么这个统一体本身只能隶属于一个映像世界，尽管从形式上来看，它仍然是一个绝对的东西。

在这里，有个东西我不能加以证明，而是只能假定它在哲学里面已经得到证明。这个东西就是数学，它作为分析和几何学，完全立足于那两种直观形式。由此可知，在这两种科学里面，必定分别有一种占据统治地位的认识，其从形式上来看是一个绝对的东西。

一般意义上的实在性，尤其是认识的实在性，既不是单单立足于普遍概念，也不是单单立足于特殊性。然而数学认识的对象既不是一个纯粹的抽象东西，也不是一个具体事物，而是一个在直观中呈现出来的理念。一般说来，把普遍者和特殊东西在一个统一体中呈现出来，就叫作"建构"(Konstruktion)，这个东西严格说来和"证明"(Demonstration)没有什么不同。① 统一体本身是以一种双重的方式表现出来的。在第一种方式里（这里最好是以几何学为例子），几何学的全部建构（这些建构可以进一步区分为三角形、正方形、圆形等等）都以同一个绝对形式[即纯粹空间]为基础，因此，为了以科学的方式理解把握这些特殊的建构，我们只需要借助一个普遍的、绝对的统一体。在第二种方式里，普遍者和每一个特殊的统一体重新合为一体，比如普遍的三角形和特殊的三角形合为一体，反过来，特殊的三角形可以

---

① 参阅《来自哲学体系的进一步的阐述》(IV, 407 ff.)及《论哲学中的建构》(V, 130 ff. und V, 139)。——原编者注

代表全部三角形,它既是统一体,同时也是大全。① 同一个统一体表现为形式和本质的统一体,因为建构作为认识虽然仅仅显现为形式,但它同时也是被建构者自身的本质。②

把以上所说的一切应用到分析上面,这是很轻松的。

数学在知识的普遍体系中的地位已经得到了充分的规定,由此出发,数学和学术研究的关系也是显而易见的。无论是在普通知识中,还是在绝大部分所谓的科学中,一种以因果联系法则为对象的知识都占据着支配地位。如果一种认识能够把这种知识提升到纯粹的理性同一性的领域,它肯定不需要任何外在的目的。除此之外,人们完全承认,一旦数学被应用到普遍的运动法则上面,这在天文学和全部物理学那里都造成了巨大的影响。尽管如此,假若一个人仅仅出于这些功绩——不管是就整体而言,还是就特殊领域而言——而推崇数学,那么他仍然没有认识到这门科学的绝对性,因为从某种角度来看,那些功绩只不过是起源于对纯粹的理性自明性的一个误用。近代的天文学,作为一种理论,其唯一的目的就是要把那些绝对的、起源于理念的法则转化为一种经验的必然性,而它确实已经达到了这个目的,并为此感到心满意足。再者,数学的任务根本不是像当今人们以为的那样,应当去掌握自然界及其对象的本质或自在体。假若数学要做到这一点,它就必须首先返回到它的源头,以一种更加普遍的方式理解把握那些通过它而表现出来的理性范型。

---

① 参阅《论哲学中的建构》(V, 132)。——原编者注
② 参阅《论哲学中的建构》(V, 134)。——原编者注

如果说数学在抽象东西里面,就像自然界在具体事物里面一样,都是理性自身的一个最完满的客观表现,那么在这种情况下,当全部自然法则消解在纯粹的理性法则中,就必然也会在数学里面找到自己的对应形式。然而事实并不是像人们迄今以为的那样,仿佛理性法则仅仅规定着数学,而自然界在这个同一性里则是仅仅表现为一个机械的东西;毋宁说,数学和自然科学是同一门科学,只不过被应用到不同的方面而已。 [V, 254]

数学的各种形式,按照当今人们理解的那个样子,是一些象征(Symbole),有些人虽然还抓着这些象征,但已经丢失了解密钥匙,而从一些可靠的迹象以及古人提供的信息来看,欧几里德仍然掌握着这把解密钥匙。为了重新揭示出真相,我们只能走这样一条道路,即把这些象征完全看作是纯粹理性的形式,看作是理念的表现,它们显现在客观形态中,不断转化。当前课堂讲授中的数学愈是没有能力追溯这些形式的原初意义,哲学就愈是会踏上那条道路,把各种能够解答秘密和重建那门古老科学的手段紧紧抓在手里。①

真正说来,学生唯一应当重视的就是这个可能性,以及几何学和分析之间的重要对立,而众所周知,这个对立在哲学里面对应于实在论和唯心论之间的对立。

我们已经表明,数学具有一种绝对知识的单纯形式特征,只要数学尚未完全在象征的意义上得到理解把握,它就会一直保留着这个特征。就此而言,数学仍然属于一个单纯的肖像世界,

---

① 参阅《论哲学中的建构》(V, 130)。——原编者注

因为它仅仅在一个映像中(随之必然在四分五裂的现象中)展示出原初知识,展示出绝对同一性[尽管它所呈现出来的东西,即理念,乃是事物本身的真正的原初本质和原型]。这样一来,那种完全彻底的、在每一个方面都具有绝对意义的知识就将是那样一种知识,它直接地、自在地本身就把原初知识当作自己的根据和对象[将其谓述出来]。这种仅仅以原初知识为原型的科学,必然是全部知识的科学,因此就是**哲学**。

[V, 255]

在这里,无论是在一般的层面上,还是在特殊的层面上,我们都不可能拿出一个证明,以强迫某人承认,哲学恰恰就是这种以原初知识为原型的科学。我们只能证明,这样一种科学无论如何是必然的。无疑,我们也能够证明,人们关于"哲学"提出的任何一个别的概念,都既不能指代这种科学,也不能指代任何一种可能的科学。

哲学和数学的相同之处在于,二者都是立足于普遍者和特殊东西的绝对同一性,① 又因为这个类型的每一个统一体都是直观,因此总的说来,二者都是立足于直观;关键在于,哲学的直观不可能像数学的直观那样是一种反映式直观,毋宁说,它是一种直接的理性直观或理智直观,这种直观与它的对象(即原初知

---

① 几何学家在一个(现实的)圆圈那里会关注具体东西吗?绝对不会。当然,他也不会关注单纯的普遍概念,而是仅仅关注特殊东西里面的普遍者。也就是说,他只看到绝对者,那个完全无关联的东西,即自在的圆圈本身,没有看到具体东西。尽管如此,他并没有抛弃具体东西——他并不**否认**这个东西,而是对其漠不关心。在他看来,具体东西对**他的**认识来说完全是无关紧要的。——谢林原注。参阅那篇多次引用的论文《论哲学中的建构》第131页最下方,以及第132页(V, 131-132)。——原编者注

识本身)是完全同一的。^① 理智直观中的呈现是一种哲学建构；普遍统一体是万物的基础，在这种情况下，由于每一个特殊的统一体都在自身内接纳了原初知识的同样的绝对性，所以它们只能作为理念而包含在理性直观里面。就此而言，哲学是一种以理念为对象的科学，或者说一种以事物的永恒原型为对象的科学。

没有理智直观，就没有哲学！即使是对于空间和时间的纯粹直观，也不属于严格意义上的普通意识，因为这种直观也是一种理智直观，只不过在感性事物中反映出来而已。数学家仍然以外在呈现为手段和前提；反之在哲学里面，直观也完全回落到理性之内。^② 如果一个人不具有理智直观，就不会理解这里关于理智直观所说的一切；也就是说，理智直观绝不可能是一种被给予的东西。具有理智直观的一个否定式条件，就是清楚而深切地认识到，一切单纯有限的知识都是虚妄的。人们能够在自身内培养理智直观；在哲学家那里，理智直观必须仿佛成为他的性格，成为一种坚定不移的官能，成为这样一种技能，即仅仅看到万物在理念中呈现出来的样子。^③

[V, 256]

我在这里没有必要谈论整个哲学，而是只希望指出，哲学与基本的科学教育是什么关系。

在我看来，谈论哲学的用处会有损于这门科学的尊严。只要有人追问哲学的用处，这就表明，他根本没有能力掌握哲学的

---

① 参阅《论哲学中的建构》(V, 129)。——原编者注
② 同上。
③ 参阅《来自哲学体系的进一步的阐述》第一部分(V, 361, 362)。——原编者注

理念。哲学通过其自身就摆脱了利益关系。哲学仅仅以其自身为目的;只要她是以别的东西为目的,就会直接颠覆她的本质自身。

　　针对人们施加在哲学身上的各种指责,我觉得有必要做出一些回应:哲学不应当通过功用而博取人们的欢心,但另一方面,哲学也不应当由于人们捏造出来而归罪于她的一些危害作用,甚至在一些外在处境里遭到限制。

第五讲 论通常的反对哲学研究的意见 [V, 257]

有一个已经成为老生常谈的反对意见,认为哲学会危害到宗教和国家。对此我不能避而不谈,因为在我看来,那些在这件事情上诋毁哲学的人,绝大多数都没有能力说出正当的观点。

针对那个反对意见,最直接的反诘是:"什么样的国家和什么样的宗教能够遭到哲学的危害呢?"假若哲学真的造成了危害,那么这必定是一种虚张声势的宗教和一种名不副实的国家的过错。哲学仅仅遵循自己的内在根据,并不关心人们所做的一切是否与之契合。我在这里不谈宗教,因为后面我会专门阐释,哲学和宗教属于一个最为亲密的统一体,双方唇齿相依,互为前提。

关于国家,我想一般地提出这个问题:"在科学的关联里,人们有什么权利宣称或者害怕某个东西会危害到国家?"这样一来,人们就会明确无疑地看出,哲学究竟是不是这样一种东西,或者说,哲学究竟能不能够产生出这样一种东西。

对于国家而言,我确实认为,科学里面的一个趋势会危害到 [V, 258] 国家,另一个趋势会摧毁国家。

第一个趋势是,普通知识企图提升为绝对知识,或企图让自己来评判绝对知识[评判理念]。只要国家怂恿普通知性成为理念的裁决者,这个裁决者很快也会凌驾于国家之上,问题在于,它既不理解国家的基于理性、立足于理念的制度,也不理解这些理念。人们用来攻击哲学的那些通俗理由,同样也可以通过一种更加冠冕堂皇的方式被用来攻击国家的各种基本形式。这里我必须解释一下,我所说的"普通知性"(gemeiner Verstand)是什么意思。这绝不是单单指(或者说主要不是指)一种粗俗的、完全没有经受教化的知性,而是指那种目空一切的知性,它通过虚假而肤浅的文化的熏陶,定格成型为一种贫乏的、空洞的牢骚抱怨,而它在近代的主要表现,就是贬低一切立足于理念的东西。

  这种拒斥理念的普通知性,这种竟然胆敢自称为"启蒙"的东西,在绝大多数方面都是哲学的死敌。人们必须承认,没有哪个民族比法国民族更加彻底地把一种牢骚抱怨式的知性放置到理性头上[在这件事情上面,相比那些法国文人,我们德国人仅仅是一些可怜而无聊的说教者]。因此那个说法,"哲学会危害到法律原则的根基",乃是一个最大的无稽之谈,而且完全不符合史实(我的意思是说,确实有可能存在着一些制度或制度状态,哲学虽然不会危害到它们,但也不会为它们提供助益)。恰恰是这个民族,它在任何时代——至少在那个处于革命前夕的时代——都不曾拥有过哲学家(当然也有少数几个例外,但这几位哲学家对于后来的政治局面毫无影响),恰恰是这个民族,把一种以粗俗暴行为标志的"变革"与荒淫无耻结合在一起,为此提供了一个鲜活的例子,而伴随着这种厚颜无耻,这个民族随后堕落到各种新颖样式的奴隶状态里面。我不否认,在法国,牢骚抱怨者们在全部科学和全部思潮里面都已经篡夺了"哲学家"的头衔。但在我们这些无可争议的真正哲学家里面,没有任何一个人会承认那些牢骚抱怨者配得上这个头衔。因此,当法国人民建立一个强有力的政府,明令禁止那些空洞的抽象东西——法国人心目中的各种"科学概念"在极大程度上或者说完全就是立足于这些抽象东西——这是毫不奇怪的,而且,只要人们真正清楚认识到这件事情的价值和意义,那么这个做法甚至是值得赞美的。很显然,无论国家还是哲学都不可能建基于一些贫乏的知性概念上面,而如果一个民族找不到通往理念的路径,它的正确做法至少应当是这样,即从现成已有的形式的废墟里面搜寻理念的残余。

把普通知性提升为理性事务的裁决者,这个做法必然会导致科学王国里面的寡头制,随之迟早会导致暴民的全面篡位。有些平庸的、虚伪的空谈家认为,也许可以用一堆打扮成甜言蜜语的所谓的"道德律"来取代理念的统治,但这个想法只不过暴露出他们对于道德是何其无知。因为没有理念,就没有道德律,一切道德行为都仅仅是理念的表现。①

另一个趋势是前一个趋势的延续,即赤裸裸地追求功用,而这必然会导致一切立足于理念的东西的瓦解。一旦功用成为万物的最高尺度,它也会被用在国家制度上面。但实际上,没有什么东西比功用更加变幻不定的了,今天有用的东西,明天可能就

---

① 参阅《自然哲学与一般意义上的哲学的关系》附录(V, 105; V, 123)。——原编者注

毫无用处。除此之外,这个日益扩张的追求,不管通过什么方式,最终必定会扼杀一个民族的全部伟大事物,扼杀其一切活力。假若以功用为尺度,人们必然会认为,纺车的发明比世界体系的发现更重要,在乡村引进西班牙牧羊术的业绩也要大于用一个征服者的堪称神奇的力量来改造世界。[如果一切事物的最高价值都是在于功用,那么从国家的这种可耻的自私自利出发,最终必然也会产生出个人同样的自私自利,而且"自私自利"将会成为唯一的一个把国家维系起来,并且把个人捆绑在国家上面的纽带。然而在这个世界上,没有什么纽带比这个纽带更加偶然的了。任何一个真正把事物或人统一起来的纽带,都必须是一个神性的纽带,也就是说,通过这个纽带,每一个成员都是自由的,因为每一个成员都仅仅追求无条件者。]假若哲学能够让一个民族变得强大,那么这种哲学一定是完全立足于理念,不是陶醉于享乐,或把对于生命的爱当作最高的、最基本的驱动力,而是教导对于死亡的蔑视,并且不是以心理学的方式去肢解那些伟大人物的美德。在当今德国,由于任何外在的纽带都是无能为力的,所以只能通过一个内在的纽带,通过一种占据统治地位的宗教或哲学,把那个古老的民族精神——它在个人那里已经支离破碎,而且越来越变得支离破碎——召唤出来。当然,一个渺小的、和平的、没有承担任何伟大使命的弱小民族确实不需要什么伟大的推动力;对这样一个民族来说,只需每天吃吃喝喝,忙碌于实业生产,看起来这就够了。但是在一些较大的国家里面,由于贫瘠的土地不能提供充足的生活资源,政府迫于无奈，只得讨好这种功用至上的精神，指令全部艺术和科学都以功用为唯一的追求目标。毫无疑问，哲学对这样的国家来说必定是毫无用处的，而且，当贵族们变得愈来愈平民化，甚至国王本人都以身为国王为耻，只愿担任"第一公民"，哲学也只能转化为一种市民道德，离开那些崇高的领域，下降到普通生活里面。

　　国家制度是理念王国制度的一幅肖像。在理念王国里，绝对者作为一种掌控一切事物的权力，相当于君王，而理念——它们既不是贵族，也不是平民，因为"贵族"和"平民"是一些仅仅通过相互对立而获得实在性的概念——相当于自由民，至于个别的现实事物，则是相当于奴隶和佃农。各门科学之间也具有同样的一个层级秩序。哲学仅仅活在理念里，至于与个别的现实事物打交道的工作，不妨交给物理学家、天文学家等等来处理。——遗憾的是，上述情况本身仅仅是一些偏执的或激进的理念，而在这个崇尚"人本"和"启蒙"的时代，谁还会相信国家具有一个如此崇高的制度呢？ [V, 261]

　　自从群氓也开始著书立说，自从每一个庸众都跻身评判者的行列，低贱东西就愈来愈明显地掺和到崇高东西里面。如果说还有什么东西能够阻挡这支侵略军队，那就是哲学，而哲学的天然座右铭就是：

　　　　Odi profanum volgus et arceo.
　　　　[我憎恨粗俗的群氓，离他们远远的。]①

---

① 这是罗马诗人贺拉斯(Horaz, 65 v. Chr. - 8 v. Chr.)的一句名言(*Carmina* 3,1,1)。——译者注

长久以来,人们都在诋毁哲学会危害到国家和教会。这种诋毁并不是没有效果的,到最后,就连各种科学的代表人物也发出了反对哲学的声音,而他们的理由是,哲学让人们[尤其是年轻人]远离各种基础科学,把这些科学当作是可有可无的东西,因此哲学是败坏人心的。

诚然,假若某些专业领域的学者也能够进入到特权阶层的行列,并且以国家的名义发布公告,严令知识的任何一个分支都不应当取得进步乃至发生转变,那么这是极好的。但迄今为止,至少就总体而言,这样的事情还没有出现,而且恐怕根本就不会出现。自在地看来,没有任何一门科学是与哲学相对立的,毋宁说,全部科学都是通过哲学并且在哲学之中合为一体。既然如此,那种与哲学相对立的科学永远只是一种存在于某个人的头脑之中的科学;如果这种科学与"全部科学之科学"处于冲突境地,那么受损的只会是前者!我们不妨想想,为什么唯独几何学长久以来就能够稳妥地掌握它的各个命题,并且安然无恙地持续进步呢?

[V, 262]   我知道,没有什么东西能够比精深的哲学研究更加促成对于科学的尊重,尽管这种对于科学的尊重不一定是指对于现在这个样子的"科学"的尊重。如果有些人在哲学里面掌握了真理的一个理念,如果他们摆脱了那些在其他专业领域里面以"科学"的名义提供的无根据的、无基础的、相互之间毫无关联的东西,转而寻求那种更深刻的、更基础性的、更具有关联性的东西,那么这对于科学自身来说也是一个纯粹的收获。

至于一些尚未形成任何成见的初学者,他们带着最初的质朴的求真意识走向科学,然而处处小心翼翼,既不去质疑任何迄今为止通行有效的东西,也不敢断言什么东西是废弃无效的,而是像精神木乃伊一样给自己涂抹上各种防腐材料。对于这种情况,至少我是完全不能理解的。

　　为了深入到其他科学里面,他们必须首先从哲学出发,掌握真理的理念,而很显然,每一个人愈是把更多的理念注入到一门科学中,他就将愈是对这门科学具有更大的兴趣。举例来说,自从我到这里任教以来,我已经看到,通过哲学的影响,人们对于自然科学的所有分支都燃起了一种更为普遍的热情。

　　[哲学在本性上就追求无所不包者和普遍者。在个别的人那里,或在一个作为整体的族类那里,当个人的最为活生生的、最为复杂多样的认识与一个具有更高的科学性、处于理念照耀下的清晰性的普遍精神结合在一起,就会产生出一种令人愉悦的同步教育,通过这种教育,在全部类型的科学和行为里面,都只会生长出健康的、正直的、精明能干的东西。当然,在一个特定的科学状态下,虽然哲学激发起了一个指向无所不包者和普遍者的冲动,但是,如果这个冲动既没有辅以大量经典教育,也 [V, 263] 没有辅以大量真正的、基于自然直观的经验,就不可避免会出现如下情况,即整体会向着某一个方向倾斜,并且迟早会坍塌,而对于这件悲惨的事情,不应当归咎于哲学,而是应当归咎于一个东西的软弱或缺失,这个东西本来应当与哲学并驾齐驱,使其保持平衡,而唯有和这个东西一起,哲学才能够呈现出教育的完满

有机体。]

　　那些张口闭口就指责哲学在年轻人那里造成危害的人,分为以下两种情况:要么他们真的已经掌握了这种哲学的科学,要么没有掌握。通常说来,他们都是处于后一种情况。既然如此,他们有什么资格做出评判呢? 而假若是前一种情况,这也是归功于他们自己从事哲学研究而获得的一个好处,亦即认识到哲学是没有用处的。好比人们经常这样评价苏格拉底,他之所以知道自己是一无所知的,至少是归功于他已经具有的知识。问题在于,这些人应当让别人也来分享这个好处,而不是要求人们满足于他们的言论就可以了,因为自己的经验无疑比别人的保证具有更强的影响力。假若他们对此避而不谈,假若年轻人不具有那些知识,就不可能理解他们对于哲学的尖锐抨击和各种含沙射影的说法,无论这些说法是多么粗陋不堪。

　　通常说来,一旦这些人的各种警告和劝诫被证明为无效的,他们就这样安慰自己和对方:首先,哲学不会长久得势,哲学仅仅是一种时髦之物,而时髦之物不可避免会很快成为一种过时的东西;其次,无论如何,每一个瞬间都会有一种新的哲学产生出来,如此等等。

　　就前一个安慰而言,这些人的心态和古人说的那个农夫毫无区别,这个农夫被一条深不可测的河流挡住去路,却以为这条河流仅仅是雨水汇聚而成的,于是在那里等着河流流尽。

　　　　Rusticus expectat, dum defluat amnis; at ille
　　　　Labitur et labetur in omne volubiis aevum.

［农夫期待着，河流会流尽；但它
流淌着，还将永恒不息地流淌着。］①

就第二个安慰亦即各种哲学的快速更替而言，这些人真的 [V, 264]
没有能力去评判，他们所说的"哲学"是否确实是一些不同的**哲学**。只有无知的人才会觉得哲学发生了各种变化。这里又可以分为两种情况。首先，这些变化根本就和哲学不相干，因为不管怎样，即使到现在都还存在着足够多的努力，它们自命为"哲学的"努力，但在那里根本找不到哲学的半点痕迹；关键在于，为了把那种自诩为"哲学"，但却根本不是哲学的东西与真正的哲学明确区分开来，人们必须亲自去研究哲学和学习哲学，因为那些现在还年轻的人，将来终究也应当去研究哲学。其次，如果这些变化是一些与哲学具有现实联系的转化，那么它们只不过是哲学的形式的各种变形（Metamorphosen）而已。自从第一位哲学家确立了哲学的本质之后，这个本质始终是永恒不变的同一个东西；但哲学是一种活生生的科学，而正如存在着一种诗的艺术冲动，也存在着一种哲学的艺术冲动。

虽然哲学里面确实有一些形态转变，但这只不过证明，哲学尚未掌握自己的最终形式和绝对形态。不但存在着一些居于较低地位的形式，也存在着一些居于较高地位的形式，不但存在着一些相对更片面的形式，也存在着一些相对更全面的形式，至于每一个所谓的"新哲学"，都必定已经在形式里面取得一个新的

---

① 这也是罗马诗人贺拉斯的一句名言（*Epistles* I.ii）。洛克的《人类理解论》（第十七章第19节）和康德的《未来形而上学导论》（AA IV, 257）都曾引用。——译者注

进步。各种现象的前仆后继是可以理解的,因为先行的现象直接磨砺了感官,激发了冲动。但是,即使哲学将来会在一个绝对形式里面呈现出来——难道这种情况现在不可能,就意味着它根本不可能吗?——这也不妨碍人们重新通过一些特殊形式来理解把握她。哲学家具有一个非常独特的优越性,即他们在自己的科学里面和数学家一样,都是和谐一致的(所有的人都能够成为这方面的准绳),但除此之外,每一个哲学家都能够是同样原创性的,而这一点却是数学家做不到的。其他科学可以盼望自己的幸运,假若有朝一日,形式的那种更替以一种更严肃的方式出现在它们那里。为了掌握绝对形式,精神必须在所有的科学里面做出尝试,而这是每一种自由教育的普遍法则。

[V, 265]　　同样,我们也没有必要严肃对待那个诽谤,说什么哲学仅仅是一种时髦之物。那些做此宣言的人,只不过是以此宽慰自己罢了。诚然,他们不愿意完全追随时髦,但与此同时,他们也不甘心成为一些完全过时的人物,因此如果他们能够在这里或那里抓到某个东西,用它来装饰自己,哪怕这仅仅是一个词,一个来自于较新的或最新的哲学的词,他们同样不会觉得这是一件可鄙的事情。假若哲学像他们所说的那样,确实是一种时髦之物,相应地,假若依据一些最新原理来建立一个医学体系或神学体系是一件轻松的事情,就像和其他人交换一匹布料或一顶帽子那样,他们一定会毫不迟疑地去做这件事情。然而这种做法必定会在哲学那里遭遇到一些完全独特的困难。

第六讲　论专门的哲学研究

[V, 266]

如果一般说来，自在的知识本身就是目的，那么这个情况在最卓越的意义上尤其适用于那样一种知识，在它那里，所有别的知识都合为一体，而它则是那些知识的灵魂和生命。

哲学是能够学会（erlernt）的吗？哲学能够一般地通过训练和勤奋努力而被掌握吗？或者说，哲学是一种天生的能力，一个不劳而获的馈赠，一个命中注定的赏赐吗？真正意义上的哲学（sie als solche）是不能学会的——这个意思已经包含在之前所说的内容里面。因为通过学习的方式，人们只能获得关于哲学的各种特殊形式的知识。尽管如此，在进行哲学研究的时候，虽然那种把握绝对者的能力是没办法通过教育而后天获得的，但那些知识仍然应当成为努力的目标。"哲学是不能学会的"，这句话的意思既不是说，每一个人都可以未经训练就掌握哲学，也不是说，人们天然地就能够进行哲学思考，就像他们天然地就能够考虑问题或组织思想那样。当今那些在哲学里面进行评判的人，还有那些自不量力想要建立自己的哲学体系的人，倘若他们对于前人积累下来的知识略知一二，绝大多数都能够完全治愈自己的妄想。这样一来，过去经常出现的那些事情，比如有些人

[V, 267] 只要听到别人列举出几条理由(哪怕这些理由比他们自己想出来的理由肤浅得多),就立即重新倒向那些早就已经被抛弃的谬误观点,将会很少发生了;再者,像有些人那样,自以为用一些空洞套话就能够像施魔法一样招来哲学的精神,并且掌握哲学的那些伟大对象,诸如这类事情更会慢慢减少。

在哲学那里,有一样东西虽然不是真正能够学会的,但毕竟可以通过课堂上的讲授而得到训练,这个东西就是哲学的艺术方面,或人们通常所说的"辩证法"。没有辩证艺术,就没有一种科学的哲学! 单是辩证法的意图,即把一切东西作为一个整体而呈现出来,并且通过那些形式(尽管它们原本隶属于映像)而把原初知识表现出来,就已经证明了这一点。思辨与反思的这种关系,恰恰是全部辩证法的基础。

然而恰恰是这个二律背反原则(即绝对者与单纯的有限形式的对立),还有那样一种情况,即在哲学里面,艺术和创造不可能分离,正如在诗里面,形式和质料不可能分离,都证明,辩证法也具有一个不能够**学会**的方面;除此之外,辩证法和诗一样——按照ποίησις这个词语的原本意思["创作"],人们可以称之为"哲学中的创作"——都是立足于一种创造能力。①

绝对者是普遍者和特殊东西的一种永恒的"一体化塑造"(In-Eins-Bildung)。从绝对者的内在本质出发,在现象世界里,理性和想象力分别包含着一个流溢,而理性和想象力是同一个

---

① 因此一般说来,精神的创造能力是一切真正的科学的基本条件,尤其是"一切知识之科学"的基本条件。——谢林原注

东西，只不过前者位于观念领域，后者位于实在领域。那些仅仅具有一种枯燥的、贫瘠的知性的人，对于"哲学思考需要想象力"这件事情感到惊讶无比，但这种惊讶是无关痛痒的。他们不懂得那个唯一有资格被称作"想象力"的东西，只懂得一种热闹的观念联想（这个东西只会拖累思维），或者说只懂得一种虚假的想象（这个东西其实是感性形象的一种无规则的再现）。每一个真正的、通过想象力而创造出来的艺术作品都解决了一个矛盾，这个矛盾和那个在理念里面得到统一和得到呈现的矛盾是同一个矛盾。单纯的反思知性只能理解一些简单的序列，只知道理性是对立双方的综合，是一个矛盾。

当一个人具有创造能力，这个东西既有可能得到塑造、提 [V, 268] 升，并且通过自身而无限地层层上升，也有可能反过来被扼杀在萌芽状态之中，或至少是在发展过程中遭到阻碍。所以，如果可能存在着一个关于哲学研究的指导，那么它必定主要是一种否定式的指导。如果一个人不具有对于理念的领悟力，就不可能创造出这种领悟力；反过来，人们至少可以防止这种领悟力遭到压制或者误导。

一般说来，那种想要探究事物的本质的冲动和渴望是如此深刻地扎根于人的内心，以至于他们哪怕对于半吊子的或虚假的东西也趋之若鹜，只要这些东西制造出一个假象或某些希望，仿佛可以带领他们达到那种认识。若非如此，我们就不能理解，为什么在一件极为严肃的事情上面，哲学中的一些最肤浅的尝试也会激发起人们的兴趣，只要它们许诺，能够在某一个方面获得确定性。

知性,即"非哲学"(Unphilosophie)所称的"健全知性",仅仅是一种普通知性,因此它把真理当作叮当作响的金币来追求,企图不择手段将其据为己有。一旦知性侵入到哲学里面,就会制造出一种古怪的、粗鄙的独断论哲学,这种哲学的目标在于,把有条件者当作无条件者的准绳,把有限者扩展为无限者。知性在这样做的时候,以为推论的方式(这个方式在派生事物的领域里面确实可以解释事物之间的联系)能够帮助自己跨越有限者和绝对者之间的鸿沟。——但通常说来,知性根本没有提升到这个地步,而是直接停留在它所称的"事实"(Thatsachen)那里。这条路线上的最谦卑的哲学是那样一种哲学,它武断地宣称,经验是真实认识的唯一源泉或主要源泉,至于那些理念,本身或许具有某种实在性,但对我们的知识来说却是完全缺乏实在性——我想说的是,去研究这样一种哲学,比根本不研究任何哲学还要更加糟糕。因为一切哲学的原初意图恰恰在于,超越意识的各种"事实",走向那个自在的绝对者本身。而对于那些只懂得列举各种"事实"的人而言,假若不是有一种真正的哲学已经出现在他们眼前,他们根本不会想到放弃这种做法,转而追求那个高远的目标。①

[V, 269]

---

① 参阅《神话哲学之哲学导论》,《谢林全集》第二部分第一卷,第300页(XI, 300)。——原编者注。译者按,谢林在那里说道:"我们的意思并不是要赞同那样一些人,他们从经验出发,但根本不是为了寻找本原,而是为了寻找某些'最高事实',然后通过**推论**而获得一个'最高原因'的普遍概念,但由于他们说不出'最高原因'究竟以什么方式作为原因而存在着,所以这个东西对他们而言也不是**真正意义上的本原**。"(XI, 299-300)

单纯去怀疑那些关于事物的普通观点和有限观点，这同样不是哲学；人们必须毅然决然地认识到这种怀疑的虚无性，而且这种否定意义上的知识必须等同于一种肯定意义上的对于绝对性的直观，哪怕这种做法仅仅是提升到一种真正的怀疑主义立场。

　　至于人们通常所说的逻辑，也是完全归属于哲学里面的经验性尝试。假若逻辑是一门研究形式的科学，好比哲学的纯粹技艺学（Kunstlehre），那么它必定是我们刚才已经在"辩证法"的名义下加以刻画的东西。问题在于，这样一种技艺学尚且不存在。假若逻辑是有限性的各个形式在与绝对者相关联的时候的纯粹呈现，那么它必定是一种科学的怀疑主义：遗憾的是，就连康德的先验逻辑也不能被看作是这样的怀疑主义。如果人们把逻辑理解为一种纯粹流于形式，与知识的内容或质料相对立的科学，那么这种意义上的"科学"本身就是一种与哲学针锋相对的"知识"（Szienz），因为哲学的目标恰恰在于，让形式和本质达到绝对统一体，或者说——就哲学把经验意义上的质料（具体事物）从自己那里清除出去而言——表明绝对实在性同时也是绝对观念性。按照普通知性的法则，每一个事物都只能接纳相互对立的两个概念中的一个概念，这个情况在有限性的领域里面是完全正确的，但在思辨的领域里面则并非如此，因为思辨的出发点仅仅在于对立双方的同一性。就此而言，那种把知性法则提升为绝对法则的做法是一种彻底的经验论。通过同样的方式，这种经验论按照知性运用的各种功能（判断、划分、推论），建立起许多知性法则。但它是怎么做的呢？完全是依据经验，而不是去证明这些法则的必然性，比如它仅仅通过诉诸经验来证明，如果人们使用四个概念进行推论①，或在做出划分的时候把一些风马牛不相及的东西对立起来，就会造成谬误，如此等等。

但是，假若逻辑的任务是去证明，这些法则出于思辨的理由对这类反思认识来说是必然的，那么在这种情况下，它就不再是一种绝对的科学，毋宁是理性科学的普遍体系中的一个特殊的潜能阶次。所谓的"纯粹理性批判"完全立足于一个前提，即逻辑是一种绝对的东西，与此同时，它所理解的逻辑仅仅属于知性的层面。②按照这个理解，理性被看作是一种推论的能力，但真正说来，理性其实是一种绝对的认识方式，正如推论仅仅是一种有条件的认识方式。当然，假若对于绝对者的认识只能借助于理性的推论，假若理性无非是一种受限于知性形式的理性，那么我们确实应当像康德教导的那样，放弃一切对于无条件者和超感性东西的直接的、绝对的认识。

康德设想的逻辑虽然是一个严重的失策，但在现实中却没有带来什么危害，因为人们早就懂得如何通过预先掌握的人类学知识和心理学知识来克服逻辑的天然的枯燥性。更深层次的原因在于，人们对于逻辑的价值抱有一种非常健康的感觉，正如所有那些把哲学放置到逻辑里面的人，仿佛天然地就具有一种

---

① 正确的三段论推论只能包含大词、中项、小词三个概念，如果大前提和小前提中的中项具有不同的意思，等于实际上使用了四个概念，而这就是"四词项"（quaternio terminorum）错误。——译者注
② 参阅《论哲学中的建构》第135页（V, 135）。——原编者注

对于心理学的偏爱。

通过以上所述,我们已经可以很清楚地看出,这种所谓的"科学"本身还有什么站得住脚的地方。这种"科学"假定灵魂和身体是对立的,并且把这个假定当作前提,既然如此,人们可以轻松地判断,那些以一种根本就不存在的东西(即一种与身体相对立的灵魂)为研究对象的自然科学能够得出什么结论。一切以人为对象的真正科学只能以灵魂和身体的本质统一体或绝对统一体(即人的**理念**)为出发点,也就是说,绝不能以一个现实的、经验中的人为出发点,因为这个人仅仅是理念的一个相对的现象。

真正说来,物理学必须涉及到心理学,因为物理学基于同样的理由也是仅仅考察身体性东西,并且假定物质和自然界是一种僵死的东西。然而真正的自然科学不能把这个分裂当作出发点,而是只能把全部事物的灵魂和身体的同一性当作出发点[亦即把理念当作出发点,因为那活在自然界的全部事物里的东西,和那个活在灵魂里的东西一样,都仅仅是理念]。就此而言,我们不能设想物理学和心理学之间有一个实在的对立。假若人们一定要坚持这个对立,我们就不能理解,一种处在这个对立关系中的心理学或物理学如何能够取代哲学。 [V, 271]

如果心理学不知道灵魂和身体在理念中是合为一体的,如果它不是在理念中考察灵魂,而是按照现象的方式,并且仅仅通过灵魂和身体的对立来考察灵魂,就会具有一个必然的趋势,把人内心里的一切东西都放置在一种因果关系之下,不承认任何直接起源于绝对者或本质自身的东西,随之贬低一切崇高的、非同寻常的东西[尤其是助长那样一个观点,即认为人的内心里不会产生出任何神性的东西。一切通通被拿到台面上反对哲学(作为一种以绝对者为对象的认识和科学)的言论,都是起源于这样一种灵魂学说,而且心理学同样可以把这种学说应用到宗教、艺术和美德上面]。在这把心理学剃刀的修理之下,以往的[古代世界的辉煌生命中的]伟大行为[和伟大性格]显现为某些完全合情合理的动机的自然结果。哲学的理念被还原为各种极为粗陋的心理错觉。以往的艺术大师的作品被看作是一些特殊的心灵力量的自然游戏,比如,莎士比亚之所以是一位伟大的诗人,只不过是因为他掌握了一门极为精微的心理学,对人类心灵具有卓越的认识。这种学说带来的一个主要后果,就是各种力量的一个普遍的平整体系(Applanierungssystem)[即一种无裤党主义①]。既然如此,诸如想象力、天才之类东西还有什么存在的必要呢?既然从根本上来说,所有的人都是"平等的",那么人们所说的"想象力"或"天才"等等,只不过意味着某一种灵魂力量压倒了其他灵魂力量,而这是一种病,一种变态[真正说来仅仅是一种尚且维持着条理的疯狂],与此相反,在那些理性的、规规矩矩的、清醒的人那里,一切东西都是保持着惬意的平衡,因此处于完全健康的状态。

[V, 272]

无论是那种单纯经验性的、立足于事实的哲学,还是那种单

---

① "无裤党主义"(Sanskülottismus)起源于法语的"无套裤汉"(sans-cullote),原指衣衫褴褛的贫苦人民,这些人在法国大革命中一度翻身掌权,成为极端民主派。因此"无裤党主义"意指一种追求绝对平等(实为绝对平庸化)的主张。——译者注

纯分析的、流于形式的哲学,都绝不可能形成知识。至少可以说,一种片面的哲学绝不可能形成一种绝对知识,因为对于绝对知识的全部对象,它仅仅规定了一个受限的视角。

也有可能存在着一种虽然具有思辨性,但在其他方面却是受限的哲学,原因在于,虽然一切东西在一切东西里面再现,同一个同一性在一切可能的层次上面仅仅借助不同的形态而再现,但是人们可以在一个较低的反思点上面理解把握同一性,并且把那个居于特殊形式、在其中显现出来的同一性当作绝对科学的本原。如果哲学起源于这样一个本原,她就是思辨性的,因为她只需摆脱受限的观点,去思考绝对性里面的特殊同一性,就能够把自己提升到一个纯粹的、绝对的普遍者;但这种哲学又是片面的,因为她并没有这样做,而是仅仅从自己的视角出发,给整体描绘出一幅走样的、扭曲的形象。

一般说来,近代世界是一个充斥着对立的世界。在古代世界里,虽然也有很多个别的躁动,但从整体上来说,无限者和有限者仍然是统一的,栖息在一个共同的外壳下面。然而后世的精神已经打破了这个外壳,使无限者和有限者显现在一个绝对的对立关系之中。命运已经把一条无尽的道路展示在近代世界面前,对于这条道路,我们目光所及只能看到如此狭小的一个部分,以至于我们在任何时候都很容易把对立当作是一种事关本质的东西,反过来把那个注定要消融对立的统一体仅仅当作是一个个别现象。尽管如此,我们还是确信,那个仿佛逃亡到遥远 [V, 273] 地方的概念将会被召唤回来,和有限者一起呈现出这个更高的统一体，而从整体上来看，这个统一体和古代世界的那个在某种意义上无意识的、尚未分裂的同一性之间又将恢复到那种关系，即艺术品与自然界的有机作品之间的关系。就此而言，无论人们是否情愿，事情终归很明显，即近代世界里面必然会有一些居间现象（Mittel-Erscheinungen），从中展现出一个纯粹的对立；我们甚至可以说，这个对立必然会在科学和艺术里面一再地重复出现在各种最为不同的形式中，直到它最终升华为一个真正意义上的绝对同一性。

二元论是一个必然的现象，这个说法不仅适用于一般意义上的二元论，而且适用于近代世界中重新出现的二元论。就此而言，二元论在自己这方面必须占据一种绝对的优势地位，相比之下，那种在个别的个体那里已经破碎的同一性几乎可以忽略不计，因为它已经被排挤和驱逐出自己的时代，在后世看来仅仅是谬误的一些明显例子。

当那些伟大的客观事物（国家制度乃至普遍的宗教团体）消失得无影无踪，当神性原则从世界那里抽身而退，在这种情况下，自然界的外观就只剩下有限者的完全被剥夺了灵魂的身体，光明已经完全转向内部，主观东西和客观东西的对立必定达到了自己的顶峰。不考虑斯宾诺莎这个例外的话，可以说从笛卡尔开始——在他那里，分裂已经以一种科学的方式明确表现出来[1]——，一直到我们这个时代，都没有一个与分裂相抗衡的现

---

[1] 参阅《论自然哲学与一般意义上的哲学的关系》第116页（V, 116），以及《论哲学批判的本质》第15页（V, 15）。——原编者注

象，因为就连莱布尼茨在阐述自己的学说的时候，其使用的那个形式也有可能重新落入二元论的窠臼。通过理念的这种分裂状况，无限者也失去了它[对理性而言]的意义，换言之，它原本具有的意义就和那个对立关系一样，也成为一个单纯主观的意义。为了重新树立哲学的威望，人们首先采取的做法是去强化这种主观性，直到彻底否认绝对者的实在性，而这件事情通过所谓的"批判哲学"真的已经发生了。在这之后，知识学的唯心主义把这条哲学路线推进到了极致。也就是说，二元论在这种唯心主义里依然完整无损地保留下来。这种独断论所理解的无限者或绝对者以一种更为确定的方式遭到扬弃，以至于绝对者在二元论里面原本具有的实在性的最终根源也没有幸存下来。据说，绝对者作为自在体(An-sich)，必须是一个完全位于自我之外的绝对客观东西。然而这是不可设想的，因为这种"位于自我之外的设定活动"恰恰是自我的一个设定活动，随之仍然位于自我之内。① 这是一个永恒的、不可解决的反思循环，它通过知识学以一种最为完满的方式呈现出来。这种自己都不理解自己的独断论首先把绝对者的理念设定在主观性之内——按照近代哲学的路线，该理念必然具有一种主观性——，然后以一种虚假的方式将其设定在主观性之外，其理由是，绝对者的理念仅仅在行动中，并且为着行动，才具有一种实在性。就此而言，人们必须把这种形式的唯心主义看作是近代世界的一个完满表现出来的并且达到了自我意识的哲学。

[V, 274]

---

① 参阅《论自然哲学与一般意义上的哲学的关系》第110页(V, 110)。——原编者注

笛卡尔通过"cogito ergo sum"[我思故我在]第一次确立了近代世界的主观性路线，而他（在《第一哲学沉思集》中）的哲学导论和他后来依据唯心主义而做出的那些哲学论证实际上是完全一致的。因此在笛卡尔那里，主观性和客观性尚且不能完全分离。然而笛卡尔的真正意图，他关于上帝、世界、灵魂的真正观点，其实是更清楚地表现在他的物理学里面，而不是表现在他的哲学里面，因此如果人们仅仅满足于他在哲学上关于上帝的实在性的本体论论证（这是真正的哲学的残余物），就不可能真正理解他。一般说来，人们必须关注这个事实，即笛卡尔不仅决定性地塑造了一种哲学二元论，而且第一次给近代世界的机械论物理学提供了体系的形式。刚才所说的那种形态的唯心主义[V, 275]自诩可以消灭自然界，然而笛卡尔的渊博精神同样可以真实而确定地消灭自然界，而且这件事情在他的物理学里面已经现实地发生。也就是说，从思辨的角度来看，自然界究竟是不是处于自己的经验形态之中，自然界究竟是一种实在意义上的现实东西，抑或是一种观念意义上的现实东西，这些差别通通没有意义。它完全不关心，个别的现实事物究竟是一种粗陋的经验论所设想的"现实事物"，抑或仅仅是**每一个**自我的情状和规定（也就是说，自我是绝对实体，现实事物以一种现实的、实在的方式依附在它上面）。

当然，真正**消灭**自然界的做法，是把自然界看作一个由各种绝对的性质、局限性、情状构成的整体，仿佛这些东西能够作为观念原子而发挥效准。除此之外，我们无需去证明，只要一种哲学遗漏了某一个对立，而不是真正制造出一个绝对的和谐，它就没有进化为一种**绝对的**知识，更不可能塑造出这样一种知识。

任何一个人，当他走向哲学的时候，必须立即给自己树立一个任务，即始终关注那种唯一真正的绝对认识（其在本质上也是一种对于绝对者的认识），直到其达到总体性，并且完全理解把握了"一中之全"。只要哲学位于绝对者之内，远离一切对立——通过这些对立，绝对者重新（要么以主观的方式，要么以客观的方式）转化为一个受限的东西——她就不仅开启了整个理念王国，而且发掘出了一切关于自然界的认识的真正源泉，而自然界仅仅是理念的一个工具。

此前我已经指出，近代世界的终极使命在于呈现出一个真正把握一切东西的更高统一体。这同样也是科学和艺术的终极使命。为了实现这个目标，全部对立首先必须发生分裂。

迄今为止，我谈论的都是哲学自身之内的一些内在对立。接下来我必须谈谈哲学遭遇的一些外在对立，它们已经给哲学带来片面性，带来错误的时代路线和一些不完满的概念。

第七讲　论哲学遭遇的一些外在对立，尤其是与官方科学①的对立

之前已经提到的知识和行动的对立，当它应用到哲学身上，就可以被看作是哲学遭遇的一个外在对立。这个对立绝不是一般地产生自近代文明的精神，毋宁说，它是最近时期的一个产物，是臭名昭彰的瞎启蒙的一个直接孽种。按照这个思路，真正说来只有一种实践哲学，没有理论哲学。康德首先在理论哲学中把"上帝""灵魂不朽"等等当作一些单纯的理念，然后反过来试图在道德意念里面为它们提供一份担保书，如今我们看到，有些人努力想要表明自己终于幸运地完全摆脱了这些理念，只需把一种口头上的道德当作它们的替代品。

道德是一种近于神的意念，意味着超越具体事物的规定，提升到绝对普遍者的王国之内。哲学是一种同样的提升，因此她

---

① "Positive Wissenschaften"通常被翻译为"实证科学"。根据某些学者比如 Walter Ehrhardt 的观点（Vgl. F. W. J. Schelling, *Vorlesungen über die Methode [Lehrart] des akademischen Studiums.* Walter Ehrhardt [hrsg.], Hamburg 1990. S. 163），当本章里面出现的"positiv"这个词与神学、法学、医学联系起来的时候，不是指认识论意义上的"实证"（谢林那个时代尚未出现这个观念），而是指"官方设立"。我赞成这个理解，因此在这一章里对相关术语采用了"官方科学""官方色彩""国家规定"等译法。——译者注

和道德是融为一体的,而这个交融不是基于一种从属关系,而是基于一种本质上的、内在的相同性。① 只有唯一的一个世界,就其立足于绝对者而言,其中的每一个东西都努力想要以自己的方式——知识以知识的方式,行动以行动的方式——把这个世界临摹出来。就此而言,行动的世界和知识的世界在其自身内都是同样绝对的,因此道德同样也是一种思辨科学,在这方面不亚于理论哲学。每一个特殊义务对应于一个特殊理念,都是一个自为的世界,正如自然界里面的每一个种类都有自己的一个原型,并且努力想要尽可能相似于这个原型。因此道德和哲学一样,都不可能被看作是一种无需建构的东西。我知道,这个意义上的道德学说尚未存在,但这种学说的本原和要素就包含在哲学制造出来的那种绝对性之内。

[V, 277]

道德在普遍自由里成为一个客观的东西,而这种自由本身仅仅仿佛是一种公开的道德。这个道德秩序的建构,完全和自然界的建构一样,都是一个立足于思辨理念的任务。内在道德统一体和外在道德统一体的分裂必然会表现为哲学的分裂和理念的瓦解。很明显,由于普通知性不再能够以它的自然形态显现出来,所以这种无能为力的做法只不过是借来一种"道德",在其名义下做着普通知性的事情。只要局面一直没有得到改善,这种有气无力的合唱就仅仅是时代的强劲节奏的一个必然的、自甘堕落的伴奏。

---

① 参阅《论自然哲学与一般意义上的哲学的关系》,《谢林全集》第五卷,第122页(V, 122)。——原编者注

长久以来,道德的概念都被当作是一个纯粹否定的概念,而只有哲学能够把处于各种肯定的形式中的道德展现出来。羞于进行思辨、堂而皇之地从纯粹理论那里飞快跑到实践身边,这些做法在行动和知识那里都必然会制造出一种同样的肤浅。反之,纯粹的理论哲学研究能够使我们以最直接的方式熟悉理念,而只有理念能够赋予行动以价值和道德意义。

我还想谈谈哲学遭遇的另一个外在对立,即她与宗教的对立。我所关心的并不是那样一个问题,即理性和信仰在别的时代也是处于冲突之中,毋宁说,我想强调的是一个起源于最近时期的对立,也就是说,一方的宗教是对于无限者的纯粹直观,而另一方的哲学作为科学必然摆脱了纯粹直观的同一性。我们首先要试着理解这个对立,才能够知道它的出路在什么地方。

我们已经多次指出,哲学按其本质而言完全立足于绝对性,而且绝不可能摆脱绝对性。哲学不认为从无限者到有限者有一个过渡,而且哲学的立身之本完全在于这样一种能力,即通过绝对性来理解特殊性,同时通过特殊性来理解绝对性,而这就是理念学说的根基。有人说:"哲学家通过绝对性而呈现特殊性,而不是直接地、仿佛天然而然地在绝对性中直观到特殊性,在特殊性中直观到绝对性,而这恰恰已经以一个先行发生的差异化和对于同一性的摆脱为前提。"按照这个更进一步的规定,当精神与绝对者相关联的时候,其最高状态就必然将会是一种尽可能无意识的冥想,或一种完全纯洁无瑕的状态,而在这种情况下,那种直观甚至不知道自己就是宗教,因为否则的话,这就已经以

[V, 278]

反思和对于同一性的摆脱为前提。

因此,一旦哲学制造出绝对者的理念,摆脱主观性的限制,并且在条件允许的情况下尝试把处于客观形式中的绝对者呈现出来,主观化行为就抓住那种直观,把它当作一个新的、仿佛终极的手段,以此蔑视科学,因为科学是普遍有效的,与一切无章法的东西相对立,一言以蔽之,因为它是科学。在当前这个时代,一种明确的半瓶醋主义几乎已经扩散到所有对象上面,就连最神圣的东西也不能幸免,在这种情况下,这类"不能"和"不愿"撤退到宗教之内,以便逃避那些更高的挑战和要求,这也就不足为奇了。

你们应当赞美这样一些人,他们重新昭示宗教的本质,以毕生的精力把这个本质呈现出来,同时宣称宗教不依赖于道德和哲学!既然他们宣称,宗教不依赖于哲学,那么出于同样的理由,他们也应当宣称,宗教既不能提供一种哲学,也不能取代哲学的位置。那个能够不依赖于一切客观能力而被掌握的东西,是一种已经转变为内在美的自身和谐;然而无论是在科学或是在艺术里面,进而把这种内在美以客观的方式呈现出来,这个任务都是完全不同于那种单纯主观的天分。本身说来,他们对于自身和谐的追求是值得赞扬的,甚至可以说,他们已经深切地感受到对于自身和谐的需要,但是,如果他们以为单凭这些追求和感受,无需一个更高的条件,就能够进而把这种和谐以外在的方式展示出来,那么他们表达出的仅仅是一种对于诗歌和哲学的渴慕,而不是诗歌和哲学本身,相应地,他们在诗歌和哲学里面

[V, 279]

制造出各种无章法的东西，把"哲学体系"弄得声名狼藉，但真正说来，他们既没有能力创造出一个哲学体系，也没有能力将其理解为一个象征系统（Symbolik）。

诗歌和哲学各自面临着不同类型的半瓶醋主义，就此而言，它们在这一点上也是一致的，即它们都需要一个从自身生发出来、以原初的方式产生出来的世界图景。对于艺术，绝大部分人的头脑完全是被一个纯粹庸俗的世界图景填满的，而他们居然认为自己有能力表达出艺术的那些永恒理念：相较于那些对于世界毫无经验，如孩童般幼稚的人，有些更优秀的人仍然在用一种悲惨的方式作诗。经验论同样在诗歌界占据着支配地位，而且这种情况尤甚于哲学界。有些人通过偶然的经验而认识到，一切艺术都是从对自然界和宇宙的直观出发，然后返回到这种直观，于是他们把各种个别现象或全部特殊性当作自然界，并且认为，只要把这些东西看作是内心感触和心灵状态的隐喻，他们就以最完满的方式理解把握了那个原初地蕴含在自然界之内的诗歌，而这样一来，我们很容易发现，经验论和主观性都保留了自己的最高权利。

[V, 280] 在那个最高科学里，一切东西——自然界和上帝、科学和艺术、宗教和诗歌——都是合为一体的，并且具有一种原初的联系。但是，如果最高科学在自身之内扬弃了全部对立，就其外在关系而言，它就只能和一种非科学的东西相对立，这种东西可以是经验论，也可以是一种缺乏内涵和严肃性的肤浅爱好。

哲学是原初知识的直接呈现，是一种以原初知识自身为对象的科学，但这个意义上的哲学仅仅是一个**理想**，不是一个实在的东西。假若理智能够在唯一的一个知识行动里面，以**实在的**方式把绝对整体理解把握为一个在全部方面都已经完成的体系，它就不再是一个有限者，它就会真正把一切东西理解把握为唯一的一个东西，但正因如此，它所理解把握的无非是一个特定的东西。

原初知识的**实在的**呈现是**一切别的**知识，后者通过"具体事物"这一要素而区别于前者，但在具体事物之内，同样也是特殊化和分裂占据着支配地位，因此那些知识绝不可能在个体之内，而是只能在种属之内以实在的方式合为一体，而且即使在种属之内，也只有理智直观能够做到这一点，因为它把无限推进看作是一种临在。

现在，人们必须一般地认识到，当一个理念在持续的推进过程中发生实在的转变，这就表现为**历史**，在这种情况下，尽管个别东西绝不可能与理念契合，但整体却是与理念契合的。历史既不是一种完全遵循知性规律或从属于概念的东西，也不是一种完全无规律的东西，毋宁说，它在个别东西中与自由的假象联系在一起，而在整体中则是与必然性联系在一起。**现实的**知识是原初知识的逐步展示，就此而言，它必然具有一个历史的方面，再者，由于一切历史的目标都是要实现一个外在的有机体，使其表达出理念，所以科学必然也会致力于给予自己一个客观的现象和一个外在的存在［即一个外在的有机体］。

这个外在的现象只能是原初知识自身的内在有机体（即哲

学)的一个摹本,只不过是以分裂的方式来呈现罢了。但其呈现出来的东西,和哲学呈现出来的东西,实际上是同一个东西。

就此而言,我们必须首先从形式和质料的共同源泉推导出哲学的内在类型,以便按照它来规定一个外在有机体的形式,在这个外在有机体里,知识真正成为一个客观的东西。

[V, 281] 本身说来,纯粹绝对性也是纯粹同一性,确切地说,前者是后者的一个绝对形式,即以永恒的方式作为主体和客体而存在;我们可以把这一点看作是已经得到证明的前提。在这个永恒的认识行动里,单纯的主观或单纯的客观都不是绝对性,毋宁说,二者的同一个本质,那个正因如此不会感染差异的东西,才是绝对性。那个永恒的认识活动是一个绝对的创造,同一个东西,即同一性的本质性,在其客观的方面作为观念性内化在实在性中,在其主观的方面则是作为实在性内化在观念性中,在这种情况下,同一个主观性—客观性被分别设定在观念性和实在性之内,绝对者的整个本质也被设定在绝对形式之内。①

如果我们把这两个方面看作是两个统一体,那么自在的绝对者就既不是这个统一体,也不是那个统一体,因为它本身仅仅是同一性,仅仅是二者的同一个本质,而非二者的无差别。就此而言,两个统一体是以一种未加区分的方式包含在绝对者之内,因为二者无论从形式还是从本质来看都是同一个东西。

绝对者是自在的纯粹同一性,但作为这个同一性,它同时也是两个统一体的必然的本质。这样一来,我们也就理解了形式

---

① 参阅《论哲学中的建构》,《谢林全集》第五卷,第136页(V, 136)。——原编者注

和本质的绝对无差别之点,从这里派生出了全部科学和认识。①

在绝对性里面,每一个统一体都是另一个统一体所是的东西。一方面,二者的本质统一体必然是绝对性自身的特征,另一方面,在非绝对性之内,二者必然会显现为非唯一的、有所差别的东西。因为,假若只有其中一个统一体在现象中区分出来,那么这个统一体也会**作为**其中一个统一体出现在绝对者之内;这样一来,它作为一个排他性的东西,就是一个处于对立中的统一体,随之本身不再是一个绝对的东西,而这与我们的前提相矛盾。

因此两个统一体必然在现象中相互区分开来,正如天体的绝对生命通过两个相对不同的焦点而表现出来。形式原本在绝对者之内和本质是同一个东西,就是本质自身,如今它作为形式被区分出来。形式意味着永恒统一体内化在多样性之内,无限性内化在有限性之内。这就是自然界的形式,从它的现象来看,它在任何时候都仅仅是那个永恒行动——即同一性内化在差别之内——的一个环节或过渡点。纯粹就其自身而言,它是这样一个统一体,通过它,事物或理念远离同一性(这是它们的核心),仅仅立足于自身。因此,自在地看来,自然界方面仅仅是万物的某一个方面。

另一个统一体的形式有所不同,它意味着多样性内化在统一体之内,有限性内化在无限性之内。这就是观念世界或精神世界的形式。纯粹就其自身而言,它是这样一个统一体,通过

[V, 282]

---

① 《论哲学中的建构》,第131页(V, 131)。——原编者注

它,事物返回到同一性(这是它们的核心)之内,仅仅立足于无限者,正如它们通过前一个统一体仅仅立足于自身。

哲学仅仅在绝对性之内考察这两个统一体,因此知道它们之间仅仅是一种观念上的对立,而非一种实实在在的对立。哲学的必然模式是这样的:既要把两个统一体中的绝对核心点呈现出来,也要把绝对核心点中的两个统一体呈现出来,这个基本形式不但在相关科学的整体中占据支配地位,而且必然会在个别东西里面得以重现。

现在,原初知识和哲学的这个内在有机体也必须在特殊科学的外在整体中表现出来,并且通过这些科学的分裂和联合而建构出一个机构。

一切知识都只有通过行动才会转变为一种客观的东西,而行动本身同样只有通过一些观念产物才会表现为一种外在的东西。在这些观念产物里面,国家是最具有普遍性的,而正如我们之前已经指出的,国家的形式依据于理念世界的原型。但是,正因为国家本身仅仅是一种已经客观化了的知识,所以它必然在自身内又包含着一个服务于知识本身的外在有机体,这个外在有机体仿佛是一个观念上的、精神性的国家:但是,只要科学是通过国家或在与国家相关时获得客观性,它们就叫作"官方科学"。在向着客观性过渡的过程中,必然造成特殊科学的普遍分割,因为它们只有在原初知识中才是合为一体的。尽管如此,这个外在的范式,即特殊科学的分裂和联合,同样必须参照哲学的内在模式的样子。哲学的内在模式主要立足于三个点:一个是

[V, 283]

绝对无差别之点,在其中,实在世界和观念世界被看作是合为一体的,另外是两个仅仅相互关联或在观念上相互对立的点,其中一个是在实在东西中表现出来的绝对点,是实在世界的核心,另一个是在观念东西中表现出来的绝对点,是观念世界的核心。就此而言,知识的外在有机体同样也是主要立足于三门彼此不同、但又以外在的方式联合起来的科学。

第一门科学把那个绝对无差别之点以客观的方式呈现出来,这是一门以绝对本质或神性本质为对象的直接科学,即神学。

在另外两门科学里面,其中一门科学接纳了哲学的实在方面,将其以外在的方式呈现出来,这就是自然科学;如果这门科学不是仅仅泛泛地考察有机体,而是专门按照国家的规定来考察有机体(后面将会详细阐释这一点),这就是一门以有机体为研究对象的科学,即医学。

至于另外一门科学,则是在自身内把哲学的观念方面分割出来,使其客观化。一般说来,这就是一门以历史为研究对象的科学。由于历史的最卓越的成果就是法的制度的形成,所以也有一门以法为研究对象的科学,即法学。

当各门科学通过国家并且在国家之内真正获得了一个客观的存在,成为一股势力,成为一些联合体,这就是特殊的"**系科**"(Fakultäten)。关于各个系科之间的关系,康德在《系科之争》(*Der Streit der Fakultäten*)这部著作里看起来已经从一些非常片面的视角出发考察了这个问题①,有鉴于此,我在这里也必须略作评论。很显然,既然神学是一门把哲学的最内在的东西客观化的科学,那么神学系必定是第一系科和最高系科;相应地,既然观念东西是实在东西的更高潜能阶次,那么法学系必定是位居医学系之先。至于哲学系,我的看法是,根本就没有,也不可能有这样一个系,对此最简单的证明就是,如果一个东西是一切东西,那么它恰恰因此不可能是一种特殊的东西[也就是说,哲学仅仅是一个自由联盟]。

哲学自身在上述三门"官方科学"里面成为一种客观的东西,但她不会通过其中的任何一门个别科学而达到完满的客观化。只有艺术才是哲学之真正的、完满的客观化,这样说来,似乎在任何情况下都不可能有一个哲学系,而是只能有一个艺术系。问题在于,艺术绝不可能成为一股外在的势力,更不可能通过国家赋予的特权而受到限制。[只有那三门科学才享受着国家赋予的特权。遗憾的是,国家不但亏欠哲学一种绝对的自由,反而企图完全消灭哲学,而对于其他科学来说,这将是一个最大的灾难。]因此对于艺术来说,仅仅存在着一些自由的联盟,相应地,在一些较为古老的大学里面,现在所谓的"哲学系"其实就是这种联盟,即"艺术联盟"(Collegium Artium),正如它的成员被

---

① 传统大学有四个系科,其中神学系、法学系、医学系为"高级系科",哲学系为"低级系科"。康德在其《系科之争》中强调哲学的批判性和中立性,主张哲学系才应当成为"第一系科"。谢林在这里批评康德的视角"非常片面",绝不是要贬低哲学,而是希望凸显哲学的大全一体的普遍性。——译者注

称作"艺术家"(Artisten)。①哲学系和所有别的系科之间的这个差别,直到现在都保留在一个事实里面,即那些系科培养的是一些虽然享有特权、但同时也承担着国家义务的"教师"(Doctores),与此相反,哲学系或艺术联盟培养的是自由艺术的"大师"(Magistros)。②

关于以上断言,人们也可以留意这个情况:毫无疑问,从哲学系的天职来看,它本应享受最高和最普遍的尊敬,但是,如果一个哲学系不是按照它的基本使命而把自己看作是艺术的自由联盟,反而让一种特殊的行会精神在其中占据支配地位,它就会在整体上和个别方面成为笑柄,成为普遍嘲笑的对象。

神学和法学从某个方面来看是带有官方色彩的,这是一个不争的事实;但是,要证明自然科学同样具有官方色彩,则是一件复杂得多的事情。自然界是原初知识的一个封闭在自身内的、静态的客观化过程;它的规律是有限性,正如历史的规律是无限性。因此在这里,知识的历史学因素不可能出现在自在且自为的对象里面,而是只能出现在主体里面:自然界的行动始终伴随着整全性和显而易见的必然性,如果一个个别行动或一个状况本身被设定在自然界之内,那么这一定是出于某一个主体的规定。这就是"实验",即在采纳某些条件的同时,排除其他条件,并以这个方式把自然界规定为一种行动。实验赋予自然科

[V, 285]

---

① 在今天的语境下,我们通常把"Collegium Artium"翻译为"人文学院",把"Artisten"翻译为"人文学者"。——译者注
② 在今天的教育制度里,"Doctor"为"博士","Magister"为"硕士",但正如谢林指出的,当时这两个概念仅仅标示着身份的不同,并无学历上的高低之分。——译者注

学以一个历史学的方面,因为它是一个刻意安排出现的状况,而这个状况的见证人就是那位安排者。但即使在这个意义上,自然科学也不可能如同法学一样,具有一个外在的存在;就此而言,自然科学之所以被认为同样带有官方色彩,原因仅仅在于,它所包含的知识成为一个外在的和公开的义务。但这种情况仅仅出现在医学里面。

到此为止,我们阐述了"官方科学"的整个机构及其与哲学的对立,阐释了绝对知识和历史学知识之间的全方位的冲突。此前在如何对待一切特殊专业这件事情上,我们秉承大全一体的精神,泛泛地说了一些东西,但从现在起,这些言论必须经受具体专业的检验,并且尽可能得到公正的辩护。

第八讲　论基督教的历史学建构

唯有通过一种历史学因素，全部实在科学才能够与绝对科学（亦即观念科学）区分开来，或者说成为特殊科学。但是，神学除了有一个与历史的普遍联系之外，还有另一个联系，这个联系是神学完全独有的，专属于神学的本质。

神学作为哲学的客观化活动的真正核心，主要立足于一些思辨理念，因此一般说来，它是哲学知识和历史学知识的最高综合。以下考察的主要目标，就是希望表明，神学是这样一种最高综合。

在我看来，宗教的历史学联系首先基于如下事实：一般说来，宗教和任何别的知识和文明一样，其最初的起源都是得益于一些更高的自然存在者（Naturen）的教导，否则这是完全不可理喻的；就此而言，一切宗教在其最初的存在中已经是一种传承（Überlieferung）。至于其余那些流行的解释方式，其中一些人认为，上帝或诸神的理念要么来自于畏惧，要么来自于感恩之心或其他心灵活动，另一些人则认为，这个理念是最初的立法者的一个狡猾发明；也就是说，前面那些人把上帝的理念完全理解为一种心理现象，而后面这些人既没有解释，某人究竟

[V, 287] 是如何萌生出一个念头，要把自己当作一个民族的立法者，也没有解释，如果这个人事先没有从另一个源泉获得宗教的理念，又如何能够想到尤其要把宗教用作一个恐吓手段呢？最近一段时期以来，涌现出了大量错误的、神志不清的解释尝试，在这中间，各种所谓的"人类史解释"（Geschichte der Menschheit）一家独大，它们依据各种游记中关于野蛮民族的报道，把各种粗俗特征加以汇编，认为这就是我们的种族的最初状态，相应地，野蛮民族在他们的心目中也扮演着最高贵的角色。但实际上，每一个野蛮状态都是起源于一个已经没落的文明。未来的地球史研究将会表明，那些生活在粗野状态中的民族仅仅是通过一些革命事件而失去了与其他世界的联系，在某种程度上成为一些碎片式的部落，它们失去了与早先已经获得的文明成果的联系，重新沦陷到当前状态。我一直认为，文明状态是人类的最初状态，国家、科学、宗教和艺术的最初创建是同时发生的，或更确切地说，是浑然一体的，因此所有这些东西都不是真正孤立的，毋宁说，它们曾经处于一种最完满的交融状态之中，而这种状态有朝一日将会在最终的完满中重新出现。

除此之外，宗教的历史学联系也基于这一个事实，即基督教的各种特殊形式——通过这些形式，宗教存在于我们中间——只能被看作是一种历史性的东西。

绝对的联系是这样的：首先，在基督教里面，整个宇宙被直观为**历史**，被直观为道德王国，其次，这个普遍的直观构成了基督教的根本特征。只有通过基督教与古希腊宗教的对立，我们才能够满地认识到这一点。我之所以没有谈论那些还要更为古老的宗教,比如印度宗教,原因仅仅在于,它在这个联系里没有构成对立,因此——这是我的看法——不是一个统一体。出于这门课程的限制,我在这里不可能完整地阐述这个观点,因此我们只能以捎带的方式谈论或提及印度宗教。希腊人的神话是一个封闭的、以理念为象征的世界,而理念作为实在的东西,只能被直观为诸神。无论是每一个个别的神的形象,还是作为整体的诸神世界,都遵循着这样一个规律,即必须树立一个对立,把纯粹的边界放在一方,把不可分的绝对性放在另一方。无限者在有限者之内被直观到,并通过这个方式从属于有限性。诸神是一个更高层次的自然界的本质,是一些常驻不变的形象。反之,在一个直接以自在的无限者为对象的宗教那里,情况完全不同,也就是说,有限者不是无限者的一个独立自足的象征,毋宁仅仅是无限者的一个隐喻,并且完全从属于无限者。当这样一个宗教的理念在一个整体中成为客观的东西,这个整体本身就必然是一个无限者,一个从所有方面来看都完满的、界限分明的世界:各种形象不是常驻的,而是显现着的,它们不是一些永恒的自然存在者(Naturen),而是一些历史形象,透过它们,神性东西仅仅以流光掠影的方式启示自身;这些形象的短暂现象只有通过信仰而被固定下来,但绝不可能转变为一种绝对的临在。

[V, 288]

无论什么地方,只要无限者自身能够成为有限的,那里就可能出现多样性;多神论是可能的:无论什么地方,只要无限者仅仅通过有限者而被暗示出来，它就必然在那里保持为单一体，而多神论无非意味着诸神的形态同时存在。多神论起源于绝对性和分解的综合，因此在这个综合中，绝对性从形式上来看并没有被推翻，边界同样也没有被推翻。在基督教这样的宗教里，这个综合不可能取材于自然界，因为它根本不把有限者看作是无限者的一个象征，不认为有限者具有独立的意义。既然如此，这个综合只能取材于那种落入到时间之内的东西，亦即**历史**，因此基督教按其最内在的精神而言具有一种最高意义上的历史性。每一个特殊的时间环节都是上帝的一个特殊方面的启示，在每一个启示中，上帝都是绝对的；希腊宗教认作是"同时"的东西，被基督教理解为"前后相继"，尽管在这个时候，既未出现现象的特殊化，随之也未出现形态分化的特殊化。

[V, 289]

我们早先已经指出，总的说来，自然界和历史之间的关系相当于实在统一体和观念统一体之间的关系；而这同样也是希腊宗教和基督教之间的关系，在基督教那里，神性东西已经不再在自然界之内启示自身，而是只能在历史中被认识到。一般说来，自然界代表着事物的"基于自身的存在"（das in-sich-selbst-Sein），在这个层面上，由于无限者内化于有限者，所以事物作为理念的象征，同时获得了一种独立于它们的意义的生命。相应地，上帝在自然界之内仿佛成为一种显白的东西，而理想则是借助于一个不同于它自己的东西（借助于一个存在）显现出来。但是，只有当人们认为这个存在是本质，并且认为象征独立于理念，神性东西才会真正成为一种显白的东西,但就理念而言,它仍然是一种隐秘的东西。在观念世界里,尤其是在历史里,神性东西取下了自己的面具,而这个面具就是上帝之国的已经纯化的奥秘(Mysterium)。

希腊诗歌是自然界的象征,理智世界封闭在其中,如同封闭在一朵花蕾里面;对象遮蔽着这个世界,主体也没有把这个世界谓述出来。与此相反,基督教是已经启示出来的奥秘,如果说异教按其本性而言是一种显白的东西,那么基督教按其本性而言是一种秘传的东西。

正因如此,自从基督教出现之后,自然界和观念世界的整个关系必定会发生颠转。如果说在异教那里,自然界是启示出来的东西,而观念世界则是作为奥秘隐藏在后面,那么在基督教这里正相反,观念世界成为启示出来的东西,而自然界则是作为秘密(Geheimnis)退居幕后。对希腊人来说,自然界本身直接地、自在地就是神性的,因为他们的诸神也不是外在于或超越于自然界。反之对近代世界而言,自然界已经是一个封闭的东西,因为近代世界不理解自在的自然界本身,而是把它看作是那个不可见的精神世界的一个隐喻。自然界里面最有活力的那些现象,比如电的现象和形体现象,当它们发生化学变化的时候,几乎没有引起古人的注意,或者说至少没有在他们那里激发起一种普遍的狂热,而近代世界却是带着这种狂热来看待上述现象。① 最高的虔敬是在基督教的神秘主义里面表现出

---

① 参阅《论自然哲学与一般意义上的哲学的关系》,《谢林全集》第五卷,第121页(V,121)。——原编者注

来的,它认为自然界的秘密和上帝的化身为人是同一回事。

我在别的地方(《先验唯心论体系》)已经指出,总的说来,我们必须区分出历史的三个时期,他们分别以自然界、命运(Schicksal)和天命(Vorsehung)为代表。① 这三个理念各自以不同的方式表达出了同一个同一性。命运也是天命,只不过是在实在东西中被认识到,同样,天命也是命运,只不过是在观念东西中被直观到。在同一性的时间里,永恒必然性作为自然界启示自身,在那里,无限者和有限者的冲突尚且安静地封闭在有限者的共同萌芽之内。这个时间也是希腊宗教和诗歌最鼎盛的时期。伴随着宗教和诗歌的没落,永恒必然性作为命运启示自身,因为它和自由发生了现实的冲突。这就是古代世界的终结,正因如此,就整体而言,古代世界的历史可以被看作是悲剧时期。新的世界开始于一个普遍的原罪,开始于人类和自然界的断裂。本身说来,只要人们在献身于自然界的时候没有意识到对立面,那么这种献身就不是原罪,反倒是一个黄金时代。一旦人们对此有所意识,就失去了纯洁无辜,随之必须去追求和解,追求自愿的归顺,以便通过这个方式,让自由同时作为失败者和胜利者而在斗争中脱身而出。天命的理念已经表达出一种自觉的和解,它将取代人们和自然界的无意识的同一性,取代人们和命运的分裂,并在一个更高的层面上重建统一体。因此在历史里面,是基督教开启了那个天命时期,而在基督教

---

① 相关言论出现在《先验唯心论体系》的"历史的三个时期"一节,《谢林全集》第三卷,第603页以下(III, 603 ff.)。——译者注

中占据支配地位的宇宙直观,就是把宇宙看作是历史,看作是一个天命世界。

这就是基督教的伟大历史意义:正是出于这个原因,在基督教里面,宗教科学和历史必然是不可分的,甚至必然是合为一体的。如果没有和历史结合,那么神学本身是不可想象的,而这个结合反过来要求我们具有一种更高层次的基督教历史观。 [V, 291]

一般说来,人们在历史学和哲学之间制造出来的对立,只有在这种情况下才是成立的,即历史被看作是一系列偶然发生的事件,或被认为仅仅具有一种经验的必然性。前一种观点是非常流行的,后一种观点自以为超越了前者,其实仍然具有同样的局限性。真正说来,历史也是来自于一个永恒的统一体,也是扎根于绝对者,和自然界或知识的任何别的对象没有什么不同。普通知性之所以认为各种事件和行动是偶然的,主要是依据于个体的偶然性。对此我的质问是:"这个或那个个体岂非恰恰是这个或那个特定行动的实施者,除此之外,它还能是别的什么东西呢?"也就是说,根本没有什么别的"个体"概念,如果行动是必然的,那么个体也是必然的。唯有从一个较低层次的立场来看,行动才仿佛包含着一种自由的、随之客观偶然的东西,实则这仅仅意味着,个体恰好把一个预先规定的、必然的东西,即这个特定的东西,当作**他的**行动:除此之外,就行动的后果而言,无论这个后果是好是坏,个体都是绝对必然性的一个工具。

[V, 292] 经验必然性无非是这样一种必然性，即通过无限推迟必然性来延长偶然性。既然我们认为，这种必然性在自然界里面仅仅适用于现象，为什么反而要在历史里面更加推崇它呢？只要一个人达到了更高层次的意识，他怎么可能相信，诸如基督教的形成、民族大迁移、十字军东征等等伟大的事件，其真正的根据是在于人们通常指出的那些经验原因之内？即使这些经验原因真的起作用，但在整个关系里，它们仍然是万物的永恒秩序的工具。

凡是一般地适用于历史的东西，专门说来，必定也适用于宗教。也就是说，宗教立足于一个永恒必然性，正因如此，我们能够对宗教进行建构，使宗教与宗教科学完全融为一体。

基督教的历史学建构只能从这样一个普遍观点出发，即整个宇宙（即使我们把它看作是历史）必然按照两个不同的方面显现出来——这个对立是近代世界针对古代世界而树立起来的，但它本身已经足以让我们认识到基督教的本质和全部特殊规定。

就此而言，古代世界是历史的自然界方面，因为其中占据支配地位的统一体或理念，是无限者在有限者之内的存在。古代时间的终结点，一个新的时间——其支配性本原是无限者——的分界线，只能在这种情况下出现，即真正的无限者进入到有限者之内，但其目的不是要让有限者成为上帝，而是要让有限者为了上帝而牺牲自己的人格，随之达到和解。因此基督教的最初理念必定是一个化身为人的上帝，即基督，他是古代的诸神世界的顶峰和终结。基督在自身之内同样使神性东西成为一个有限者,但他不表现为一个崇高的人,而是表现为一个卑微的人,一个虽然自永恒以来已经完结,但在时间里面却是昙花一现的现象,充当着两个世界的分界线;基督本人已经返回不可见的东西之内,按照他的预言,未来将会出现的不是他自己,不是一个进入到有限者、停留在有限者之内的本原,而是一个观念性本原,即精神或圣灵,只有它才会把有限者带回到无限者那里,只有它才会照亮一个新的世界。

基督教的全部规定都和这个最初理念密切相关。按照基督教的观念性路线,它不可能像希腊宗教一样,通过一个象征系统而以客观的方式呈现出无限者和有限者的统一体。一切象征系统都重新归属于主体,在这种情况下,对立的消解不可能以外在的方式,而是只能以内在的方式被直观到,因此保持为奥秘和秘密。神性东西和自然东西的二律背反贯穿着一切事物,只有通过一个主观的规定,即认为二者已经莫名其妙地融为一体,这个二律背反才会消除。这样一个主观的统一体是通过"奇迹"(Wunder)概念表现出来的。按照这个观点,每一个理念的起源都是一个奇迹,因为理念仿佛是在时间中产生出来的,又和时间没有任何关系。但实际上,没有任何理念是通过时间的方式产生出来的,毋宁说,是绝对者或上帝亲自把它们启示出来,因此在基督教里面,"启示"(Offenbarung)概念是一个绝对必然的概念。

[V, 293]

如果一个宗教像诗歌那样活在种属之内①，那么它根本不需要一个历史基础，正如始终开放的自然界也不需要这样一个基础。但是，如果神性东西不是活在持久不变的形态中，而是在一些变动不居的现象中飘忽不定，它就需要一些手段，以便把现象固定下来，并且通过传承而得到纪念。除了宗教的那些真正的神秘学之外，必然还有一种神话，充当着神秘学的显白方面；基督教的神话以宗教为基础，与之相反，希腊宗教则是以神话为基础。

  如果一个宗教致力于在有限者之内直观无限者，那么它的各个理念必须首先在存在中表现出来；至于那个与之相对立的宗教，由于全部象征系统仅仅归属于主体，所以它的各个理念只能通过行动而成为一种客观的东西。在后面这个宗教里，无论怎样直观上帝，其最初的象征都是历史，但这个历史是没有尽头、不可估量的，因此它必须把一个无限的，同时又有界限的现象当作自己的代表，这个现象本身不是实在的（比如国家），而是观念性的，并且克服了个别事物的分裂，把精神中的万物统一体作为一种直接的临在呈现出来。这个象征性的直观是一个活生生的艺术作品，即教会。

  如果一个行动是以外在的方式表现出无限者和有限者的统一体，那么它就是"象征性的"，反之，如果这个行动是以内在的方式将其表现出来，那么它就是"神秘的"，而一切神秘主义都是一个主观的象征系统。诚然，关于这类直观的言论几乎在

---

① 参阅《谢林全集》第五卷，第108页（V, 108）。——原编者注

任何时代都在教会里面引发了矛盾,甚至遭到某种程度的迫害,但究其主要原因,还是因为它企图把基督教的隐秘因素改造成一种显白的东西,而不是因为基督教的最内在的精神不同于那种直观的精神。①

人们希望把教会的行为和习俗看作是一种客观的、象征性的东西,殊不知这些东西的意义只能以神秘的方式被把握,所以,尽管基督教的某些理念已经在教义里面象征化,但它们至少在那些行为和习俗里面始终具有一种完全思辨的意义,原因在于,这些理念的象征并不是像希腊神话的象征那样,已经在自身之内获得一种不依赖于意义的生命。

有限者从上帝那里堕落,自行降生到有限性之内,然后追求和解——这是基督教的第一个思想。至于基督教的整个宇宙观和历史观的完成,则是立足于"三位一体"理念,正因如此,这个理念在基督教之内是一个绝对必然的理念。众所周知,莱辛已经在《人类的教化》(*Die Erziehung des Menschengeschlechts*)这部著作里面试图揭示出"三位一体"学说的哲学意义,至于他的相关言论,在他的所有著述里面,或许是最具有思辨性的。遗憾的是,他的观点仍然缺失了一环,即"三位一体"理念与世界史的关系。在我看来,这个关系是这样的:那个永恒的、从万物之父的本质那里诞生出来的上帝之子,就是有限者本身,哪怕它在永恒的直观里仍然是上帝;这个有限者显现

---

① 参阅《论自然哲学与一般意义上的哲学的关系》,《谢林全集》第五卷,第118页(V,118)。——原编者注

为一个受难的、屈服于时代厄运的上帝，他在他的现象的顶峰那里，在基督那里，关闭了有限性的世界，开启了无限性的世界，或者说开启了精神（圣灵）统治的世界。

[V, 295]   假若本次课程的目的容许我们继续深入这个历史学建构，我们必定会通过这个方式认识到基督教和异教的全部对立，并且认识到，那些在基督教里面占据支配地位的理念，还有理念的那些主观象征，全都是必然的。但是在这里一般地指出这个可能性，我已经感到满足了。基督教总的说来是历史性的，不仅如此，基督教在它那些最高贵的形式里面也必然是历史性的，而这意味着，我们应当具有一个更高层次的历史观，把历史本身看作是永恒必然性的一个流溢物。既然如此，以历史学的方式把基督教理解为一个神性的、绝对的现象，这是可能的；相应地，一种以宗教为对象的真正的历史科学，亦即神学，也是可能的。

第九讲 论神学研究

我觉得谈论神学研究是一件困难的事情,因为我不得不说,那种认识方式,还有那个可以由之出发而把握到神学真理的立场,已经被人们抛弃和遗忘了。如今这门科学的全部学说都是在经验的意义上被理解,以经验的方式立论,又以经验的方式被反驳。问题在于,这些学说根本就不属于这片土地,它们也根本不具有任何意思和意义。

神学家宣称基督教是神的一个启示,并且把这个启示想象为上帝在时间里的一个行动。正因如此,他们采纳了一个立场,从这个立场来看,诸如"基督教就其起源而言是否可以以自然的方式得到解释"之类问题根本就不存在。如果一个人不能以令人满意的方式解决这个任务,原因必定在于,他对于基督教产生时的历史和文化知之甚少。人们只需读读某些学者的著作,在那里面,基督教的萌芽不仅在犹太教中得到证实,甚至在一个先于犹太教而存在的个别宗教社团中得到证实。实际上,人们根本不需要那个宗教社团,与此同时,为了阐释这个联系,约瑟

[V, 297] 夫①的报道和基督教的历史书籍提供的线索从来就没有得到合理的使用。无疑,基督,作为个人,是一个完全可理解的人,而把他理解为一个具有更高意义的象征性的人,这是出于一种绝对必然性。

  人们希望把基督教的扩张看作是神意的一个特殊功绩。但实际上,他们只需了解一下基督教最初攻城略地的那个时代,就会发现,这仅仅是普遍的时代精神的一个个别现象。并非基督教创造了这个时代精神,毋宁说,基督教本身仅仅是时代精神早就预期着的一个东西,是第一个使得时代精神被言说出来的东西。早在君士坦丁大帝②选择十字架作为新的世界霸权的大旗之前,罗马帝国已经用数百年的时间为基督教做好了准备。当一切外在东西带来最完全的满足之后,必然会引发一种对于内在的、不可见的东西的渴慕,与此同时,帝国摇摇欲坠,它的霸权仅仅是暂时性的,人们也失去了面对客观东西的勇气,再加上时代的不幸,这些因素合在一起,必然创造出一个普遍的受众基础,去接纳这样一个宗教,它把人带回到理想,教导人学会弃绝,并因此获得幸福。

---

① 约瑟夫(Flavius Josephus, 37—100),居住在罗马的犹太历史学家,代表著作为《犹太战争史》(*Bellum Judaicum*)、《犹太教古典文化》(*Antiquitates Judaice*)。他的著作对于人们了解希腊化时期的犹太文化以及基督教的历史起源具有重要的参考意义。——译者注

② 君士坦丁大帝(Flavius Valerius Constantinus, 272—337),罗马皇帝。重大历史事迹包括313年承认基督教的合法地位,324年迁都拜占庭(更名为君士坦丁堡),325年召开基督教第一届代表大会尼西亚会议,制定《尼西亚信经》以确定基督教的正统学说。——译者注

除非基督教的宗教学者已经掌握了一种更高层次的历史观——这种历史观是哲学和基督教共同建立的——否则他们绝不可能为自己的任何一个历史主张提出辩护。长久以来,这些学者在异教的地盘上与对手搏斗,却不知道首要之务在于摧毁异教的立足点。他们应当这样告诉自然主义者:"就你们采用的观察方式而言,你们是完全有道理的,然而我们的观点包含着这样一种东西,它能够让你们在你们的立场上做出正确判断。我们仅仅否认这个立场本身,或更确切地说,我们把它当作是一个居于从属地位的立场。"同样的办法也适用于经验主义者,尽管他们以无可辩驳的方式向哲学家证明,一切知识都仅仅通过印象的外在必然性而被设定下来。

对神学的全部教义而言,也是同样的道理。很显然,如果人们不是以思辨的方式理解把握"三位一体"理念,那么这就是一个完全荒谬的东西。对于上帝在基督那里化身为人这件事情,神学家同样以经验的方式来解释,也就是说,他们宣称上帝在一个特定的时间点接受了人的本性,而这根本就是不可思议的,因为上帝永恒地位于一切时间之外。因此,上帝之化身为人是自永恒以来的化身为人。作为人的基督在现象里仅仅是化身为人的顶峰,就此而言,同时也是化身为人的开端,因为从基督开始,化身为人应当通过如下方式延续下去,即他的全部后继者成为同一个身体的组成部分,而他则是成为身体的大脑。历史已经表明,上帝第一次在基督那里成为一个真正客观的东西;因为在他之前,谁曾经以这个方式把无限者启示出来呢?

[V, 298]

我们可以证明，只要历史知识一直追溯下去，就会发现两道明确区分开来的潮流，即宗教和诗歌：前者在印度宗教那里占据支配地位，并且提供了一个理智体系和一种最古老的唯心主义，而后者则是在自身内包含着一种实在论世界观。前者像一条河流，在流经整个东方世界之后，在基督教这里找到了自己的永恒归宿，并且与西方的本身不能开花结果的土壤融合在一起，制造出后世的产物；后者在希腊神话里面通过一个相反的统一体（即艺术的理想性）的补充，已经诞生出最高的美。谁敢说，在希腊文明中，那些来自于一个极端对立面的激励全都是无关紧要的？这些激励既包括一种特殊的诗歌的神秘主义要素，也包括哲学家（尤其是柏拉图）对于神话的谴责和对于诗人的驱逐，而柏拉图已经在一个完全陌生和极为遥远的世界里预见到了基督教。

[V, 299] 基督教在柏拉图之先和之外已经存在着，这恰恰证明，基督教的理念是一个必然的东西，而在这种情况下，并不存在着什么绝对的对立。当初基督教传教士去印度的时候，自以为可以给当地人宣告一些他们闻所未闻的东西，比如基督徒的上帝已经化身为人等等。然而印度人对此一点也不感到震惊，因为他们根本不否认上帝在基督那里化身为人，他们唯一觉得稀奇的是，基督徒居然认为这件事情仅仅发生了一次，而在印度人看来，这件事情不但是多次发生的，而且在不断地重复。不可否认，印度人对于自己的宗教的理解，远远超过了基督教传教士对于自己的宗教的理解。

既然基督教的理念具有普遍性,那么基督教的历史学建构就离不开整个历史的宗教学建构。就此而言,这个建构和人们迄今所说的"宗教史"(实则其中谈得最少的就是宗教)也不可同日而语,因为后者仅仅是一种片面的关于基督教和教会的历史。

这样一种建构本身说来只能依赖于一种更高层次的认识,一种超然于事物的经验链条之上的认识。也就是说,这种建构离不开哲学,因为哲学是科学意义上的神学的真正官能,在她那里,那些最高理念——"神性本质""自然界"作为上帝的工具、"历史"作为上帝的启示——成为一种客观的东西。无疑,没有谁会把神学的最高贵学说中具有思辨意义的观点与康德的观点混为一谈,因为后者最终的、唯一的目的,就是要把实证因素和历史学因素从基督教里面完全清除出去,将其净化为一种纯粹的理性宗教。真正的理性宗教必须认识到,总的说来,只有两种宗教现象,一种是真正的自然宗教,它必然是希腊人心目中的那种泛神论,另一种是纯粹道德意义上的宗教,即在历史中直观上帝。① 康德鼓吹的那个净化根本不关注那些学说的思辨意义,而是仅仅关注其道德意义,因此他在根本上并没有脱离经验的立场,相应地,他所认可的真理也不是自在的真理,而是一种仅仅存在于道德的可能动机的主观联系中的真理。

无论是哲学中的独断论,还是神学中的独断论,都要把那种只能以绝对的方式认识到的东西移植到知性的经验视角里面。 [V, 300]

---

① 参阅《启示哲学》中的相关言论,《谢林全集》第十三卷,第144页(XIII, 144)。——原编者注

康德既没有动摇哲学独断论的根基,也没有动摇神学独断论的根基,因为他不知道应当用什么实证的东西来取代这个根基。尤其是他的那个建议,即在民众教育中从道德出发解读《圣经》,只不过是用基督教的经验现象为某些只有通过曲解才能够达到的目的服务,而不是超越经验现象而走向理念。

　　本身说来,基督教最初的历史著述和学说也仅仅是基督教的一个特殊的、尚未达到完满的现象;人们不应当在这些著述里面寻找基督教的理念,毋宁说,这些著述的价值只能按照这样一个标准来评价,即它们在何种程度上表达出了基督教的理念,与之相契合。从精神旨趣来说,从异教皈依过来的保罗所宣扬的基督教已经不同于耶稣所宣扬的基督教,就此而言,我们不应当停留在基督教的个别时间段(因为这个时间段只能是任意确定的),而是应当关注基督教的整个历史,关注基督教创造出来的这个世界。

　　在近代的瞎启蒙——就它和基督教的关系而言,只能叫作"瞎启蒙"——的各种做法里面,确实有这样一个主张,即人们应当追溯基督教的原初意义,追溯到基督教最初的单纯性,而这种形态下的基督教就是所谓的"原始基督教"(Urchristentum)。按照这个观点,基督教的宗教导师们必须感谢后世的人们,因为这些人从最初的宗教著述的干瘪内容里面挖掘出如此之多的思辨材料,甚至把这些材料塑造为一个体系。当然,一方面夸夸其谈古代教义学的繁琐论证,另一方面又撰写一些通俗的教义学,沉迷于各种咬文嚼字的词语释义,这些做法相比在一种普遍的联系中掌握基督教及其学说,确实轻松得多。尽管如此,人们仍然不能摆脱一个疑惑,即这些所谓的"圣书"是不是反而阻碍了基督教的完满,因为就真正的宗教内涵而言,它们远远比不上早先和后来的众多典籍(尤其是印度人的典籍)。

人们把"教权等级"(Hierarchie)思想——即不让人民群众接触到这些"圣书"——仅仅归结为一种政治意图:诚然,这个思想或许有着一个更深层次的理由,即基督教作为一个活生生的宗教,不应当作为一种过去了的东西,而是应当作为一个永恒的临在而延续下去,正因如此,教会认为各种奇迹是不会终止的,而在这个问题上,抗议宗以一种自相矛盾的方式仅仅承认奇迹曾经在很久以前发生。实际上,只有历史研究才需要这些作为佐证文件的"圣书",信仰并不需要它们。真正说来,恰恰是这些"圣书"不断地、一再地用经验中的基督教取代了基督教的理念,殊不知基督教的理念能够独立于它们而存在。尽管这个理念在古代世界里仍然处于一种非常封闭的状态,但纵观近代世界与古代世界相互参照的整个历史,它已经在近代世界被明确公布出来。 [V, 301]

近代精神抱着明确的、一以贯之的态度,致力于消灭一切单纯有限的形式,而宗教恰恰也认识到了这一点。按照这条法则,一种普遍的公众生活状态——宗教在基督教那里已经或多或少达到这种状态——必定是不能持久的,因为它仅仅呈现出世界精神的部分得到实现的意图。于是抗议宗出现了,与此同时,精神重新回归超感性东西。但遗憾的是,这个仅仅具有否定意义的努力不但推翻了基督教的发展延续性,而且绝不可能创造出一个具有肯定意义的联合,以及这个联合的一个外在的象征性现象,即教会。在这里,活生生的权威被另一种僵死的权威取而代之,后者依托于一些用死透了的语言撰写的书籍,因此注定不可能具有任何约束力,毋宁说,它只能是一种低贱得多的奴隶制,只能依附于各种象征(这些象征本身说来仅仅拥有一种属人的威望)。既然"抗议宗"按其概念而言就是与普遍性相对抗,所以它必定会进一步分裂为各种宗派,至于那些无信仰的人,也必定会执着于个别形式和经验现象,因为整个宗教都已经趋向这些东西。

[V, 302] 尤其是某些德国学者,他们并不聪慧,但执意不信仰上帝,他们并非虔诚的,但也谈不上滑稽和轻浮,他们就像但丁笔下的那些站在地狱的大门前的悲苦之人,并没有背叛上帝,但也不忠于上帝,于是被逐出天堂,但又没有落入地狱,因为他们同样也不欣赏那些被诅咒的人。正是这些德国学者,借助于一种所谓的"健康的解经学",借助于一种"启蒙心理学"和一种疲软无力的道德,把一切思辨因素,甚至把那种具有主观象征意义的东西从基督教里面清除出去。他们利用一些经验因素和历史因素来论证人们对于基督教的神圣性的信仰,同时利用另外一些奇迹,通过一种非常简便的循环论证来证明启示的奇迹。既然神性东西按其本性而言既不能以经验的方式被认识,也不能以经验的方式得到证明,于是自然主义者宣告自己取得了胜利。人们已经和这些人达成一致意见,即神学的基石在于研究基督教典籍

的真伪，或用某些孤立的段落来证明他们获得的激励或启示。如果人们总是追溯到某些典籍的字面意思，就必然会把作为科学的神学转化为语文学和释义学，而这样一来，神学就成了一门完全通俗的知识；如此，当人们在所谓的语言知识里面寻找正信的精髓，神学就必定会陷入到最深的沉沦状态，处在距离自己的理念最为遥远的地方。在这件事情上，人们的基本套路就是尽可能把各种奇迹清除出《圣经》，或把某一个奇迹单独拿出来加以解释。这是一个可悲的开端，正如那种反过来的做法，即利用这些经验性的、极为枯燥的事实来证明宗教的神圣性，也是一个可悲的开端。如果一切奇迹都是不可能的，那么把如此之多的奇迹清除出去，又有什么必要呢？因为，假若这个证明方式确实是有意义的，那么用一个奇迹来证明和用一千个奇迹来证明的效果也是一样的。

除了这种语文学方面的努力，还有一种心理学方面的努力，即人们耗费巨大的心血去证明，许多圣经传说是起源于一种心理错觉。然而大家早就知道，那些传说是犹太人的寓言故事，是按照《旧约》中弥赛亚预言的指引而发明出来的；这事没有什么好争辩的，因为寓言故事的作者们毫不掩饰地补充道："这件事情必须发生，唯其如此，那些已经写下来的东西才能够圆场。"

与此相联系的，是人们惯常采用的一个和稀泥的方法，即借口这个或那个词语仅仅是东方人的浮夸修饰方式，不予深究；反过来，他们依据最懒惰的普通知性的肤浅概念，即现代道德和现代宗教的概念，用其解释那些佐证文件。 [V, 303]

到最后，这门科学对于思辨的排斥态度也影响到了民众教育，以至于这样一种说法流行起来，即民众教育应当是纯粹道德性的，不需要任何理念。问题在于，道德显然不是基督教的出彩的地方，假若基督教的目标仅仅在于宣扬"爱你的邻人"之类的道德箴言，那么它根本就不会存在于世界和历史之中。如果道德宣教同样达不到效果，这事也不能怪罪于普通的人类理解力，毋宁说，牧师们应当继续屈尊去从事一种经济学布道。牧师们应当确切地告诉人们，在不同的时间应当去找哪些农民和医生，这还不够，他们不仅应当在布道坛上讲解牛痘，而且应当传授最好的种植马铃薯的方式。

我在这里谈论神学的处境，实属迫不得已，因为关于这门科学的研究，有些话是必须要讲的。而在我看来，只有通过反对当前占据支配地位的那个研究方式，才能够清楚表明我的意思。

基督教的神圣性绝不可能以间接的方式被认识到，而是只能以直接的方式，联系到一种绝对的历史观，被认识到。正因如此，诸如"间接启示"这样的概念是绝对不能被接受的，因为它是一个完全经验性的概念，而且仅仅是为了一种模棱两可的说辞而被臆想出来的。

在神学研究里面，那些真正属于经验事务的东西，比如以批判的、语文学的方式处理最初的基督教典籍，必须从科学研究那里完全分离出去，成为一种独立的东西。更高层次的理念不可能对这些典籍的释义产生影响，因为这个释义必须完全独立于每一位作者，它并不追问，作者所说的东西是否合乎理性，是否

在历史中真正发生，或是否具有宗教意义，而是追问，作者是否 [V, 304]
确实说过这些话。反过来，诸如这些典籍是不是伪造的，其中包
含的传说是不是真实的、未经扭曲的事实，它们的内容本身是不
是与基督教的理念相契合之类的问题，也不可能损害到这个理
念的实在性，因为它不依赖于这些个别情况，毋宁说，它是一个
普遍的和绝对的东西。假若人们不是把基督教本身理解为一个
单纯的时间现象，其实早就已经可以展开自由的释义工作了，这
样的话，我们就可以在一种充分得多的意义上评估这些对于基
督教的最初历史来说如此重要的佐证文件的历史学价值，而不
是直到今天都仍然在一个如此简单的事情上尝试如此之多的弯
路和迷途。

神学研究的关键之点在于，把基督教的思辨建构和历史学
建构与基督教的那些最崇高的学说联系在一起。

诚然，当我们开始用隐秘因素和精神性因素来取代基督教
的显白因素和字面因素，这个做法确实有悖于基督教的最初导
师乃至教会本身的公开意图，因为那些导师和教会在任何时候
都一致认为，必须反对所有不能归属于全人类的事务、不能完全
显白的东西。这个主张证明他们对于他们所欲求的东西有一个
正确的感觉，有一个稳妥的意识，也就是说，无论是基督教的最
初奠基者还是后来的那些首领，他们都慎重地与那些有可能危
害到基督教的公开性的东西保持距离，并且明确把它们作为异
端，作为一种反抗普遍性的东西，排除出去。我们甚至发现，在
那些隶属于教会和正统派的人里面，恰恰是某些几乎完全拘泥

于字面意思的人获得了最大的声望，真正把基督教作为一个普遍的宗教形式创造出来。那个来自于东方的观念本原只有通过西方的字词才能够获得一个身体和外在形态，正如太阳的光芒只有在地球的质料里才诞生出它的各种辉煌理念。

[V, 305]   这个关系曾经提供了基督教的最初形式的起源，尽管如此，一旦那些依据于有限性法则的形式发生崩溃，基督教显然就再也不可能立足于一个显白的形态，在这种情况下，这个关系就会重新出现。相应地，隐秘因素必定会凸显出来，摆脱自己的外壳，独自闪耀。一切教化和创造之永恒的、活生生的精神将会获得一些新的、更加持久的形式，正因为它并不缺乏一种与观念东西相对立的质料，所以西方和东方通过同一个教化而亲密接触，并且在任何结合了对立面的地方点燃一个新的生命。近代世界的精神迫不及待地想要收回那些最美的，但也是有限的形式的生命本原，在自身内碾碎它们，与此同时，它的那个意图，即在一些永恒常新的形式里重新创造出无限者，也早已经暴露出来。同样明确的是，近代世界的精神所追求的不是一种仅仅作为个别的经验现象的基督教，而是那个永恒的理念本身。基督教的使命不是局限于过去，而是沿着一个不可估量的时间无限延伸，这一点已经足够清晰地体现在诗歌和哲学里面。诗歌要求宗教为诗意的和解提供一种最高的，甚至是唯一的可能性，而哲学则是通过一个真正的思辨立场而重新掌握了宗教的立场，她已经全面（而不是仅仅在局部）扬弃了经验论及其同类的自然主义，随之在自身内为隐秘基督教的重生和绝对福音的展示做

好了准备。①

---

① 参阅《论自然哲学与一般意义上的哲学的关系》,《谢林全集》第五卷,第120页(V, 120)。除此之外,鉴于那篇论文从内容来说完全是一篇宗教哲学论文,因此读者可以用它来参照这一讲和之前的一讲(第八讲)。——原编者注

第十讲　论历史学研究和法学研究

　　正如绝对者自身在自然界—历史的双重形态里面显现为同一个东西，同样，神学作为实在科学的无差别之点也分化为两个方面：一方面是历史学①，另一方面是自然科学，每一方都把自己的对象与对方的对象割裂开来，随之与最高的统一体割裂开来，单独加以考察。

　　但这并不妨碍每一方都在自身之内制造出一个核心点，并通过这个方式回归原初知识。

　　关于自然界和历史，人们通常的看法是，在自然界里面，一切事情都是通过经验必然性而发生的，而在历史里面，一切事情都是通过自由而发生的。然而无论是自然界还是历史，其本身恰恰只是"外在于绝对者而存在"的不同形式或方式。就此而言，历史是一个比自然界更高的潜能阶次，因为它在观念领域里面表达出来的东西，就是自然界在实在领域里面表达出来的东西。但正因如此，从本质来看，二者包含的是同一个东西，只不

---

① 在这一章（以及本书的其他个别地方），我把"Historie"翻译为"历史学"，把"Geschichte"翻译为"历史"，以做区分。前者指一门科学或学科，后者指客观发生的，尤其是与人相关的事情。——译者注

过通过不同的规定或潜能阶次而有所改变。倘若我们能够在二者之内直观到那个纯粹的自在体,我们就会发现,同一个东西在历史里面以观念的方式塑造出来,而在自然界里面则是以实在的方式塑造出来。自由,作为现象,不可能创造出任何东西:只有唯一的一个宇宙,它把肖像世界的二重形式分别按照其独特的方式表达出来。在这种情况下,完满的历史世界本身就是一个观念性自然界,即国家,它作为一个外在的有机体,意味着必然性与自由的和谐已经在自由自身之内建立起来。只要历史把这个联盟的形成过程当作最优先的对象,它就是严格意义上的历史。

[V, 307]

在这里,我们立即遭遇到一个问题:历史学能否成为一门科学?对此的答复看起来是不容置疑的。也就是说,如果真正意义上的历史学本身——我们谈论的是这种意义上的历史学——是一种与科学相对立的东西,如同人们此前一般地断定的那样,那么很明显,它不可能是科学本身。换言之,如果那些实在科学是哲学因素和历史学因素的综合,那么历史学本身就恰恰因此不可能是一门科学,正如哲学也不可能是一门科学。在这种情况下,可以说历史学和哲学具有同等的地位。

为了以一种更加明确的方式认识这个关系,我们区分出不同的立场,从它们出发来思考历史学。

正如之前所述,我们已经认识到,最高的立场是宗教立场,或者说那样一个立场,在它看来,整个历史就是天命的作品。问题在于,这个立场不可能被看作是历史学自身的立场,因为它和哲学立场没有根本上的不同。不言而喻，我的这个说法既不是要否定历史的宗教学建构，也不是要否定历史的哲学建构；关键在于，宗教学建构属于神学，哲学建构属于哲学，因此必然不同于真正意义上的历史学。

与绝对立场相对立的是经验立场，后者又具有两个方面。一个方面是完全接收和查证已经发生的事情，这是"史料学家"（Geschichtsforscher）的工作，而这仅仅代表着"历史学家"（Historiker）本身的一个面相。另一个方面是按照一种知性同一性而把经验素材联系在一起，或者说，因为知性同一性不可能现成地摆放在事情状况里面，而且这些经验事物太过于偶然，体现不出和谐，所以这方面的工作就是按照一个主观制定的目的——这个目的要么是宣教性质的，要么是政治性质的——把经验素材加以整合。这种对待历史的方式，即遵循一个非常明确的意图，而不是遵循一个普遍的意图，用古人确定的那种意义来说，就是"实用主义"（pragmatisch）的处理方式。波利比奥斯①就是如此，他明确宣称自己是实用主义，因为他的历史著作的整个目标就是要阐述战争的技巧；塔西佗②同样也是如此，因为他希望以罗马帝国一步一步走向覆灭为例子，揭示出道德沦丧和专制主义带来的恶果。

现代人总是把历史学里面的实用主义精神当作是一种至高

---

① 波利比奥斯（Polybius，前200—前118），希腊军人和历史学家，代表作为《历史》（Historia），主要记载了罗马共和国的崛起过程。——译者注
② 塔西佗（Publius Cornelius Tacitus, 55—120），罗马历史学家，其代表作为《日耳曼尼亚志》（Germania）、《罗马史》（Historiae）、《罗马编年史》（Annuls）。——译者注

无上的东西,并且相互之间授予这个头衔,仿佛这是一个莫大的荣誉。然而,正是由于他们的这种主观依赖性,所以没有一个人能够把刚才说的两种历史著述提升为第一流的历史学。除此之外,德国人的实用主义精神通常还有一个特点,就像歌德的《浮士德》中那位助教说的那样:"他们所说的时代精神,是他们自己的精神,而时代在其中折射出来。"① 在希腊,历史的书写者是一些最崇高、最成熟、最富有经验的人,历史由此获得了永恒的个性。希罗多德是一个真正堪比荷马的人,而在修昔底德的笔下,伯利克里时代的整个教化凝聚为一种神性直观。反之在德国,由于科学愈来愈成为一种产业,真正有勇气去书写历史的人,恰恰是一些极端平庸之辈。当我们看到,一个鼠目寸光、头脑简单的人不自量力地勾勒各种伟大事件和伟大性格的形象,这是一个多么令人厌恶的场景!更糟糕的是,这人还要强暴知性,把它塞在历史里面,然后依据一些狭隘的观点(比如贸易的重要性、这些或那些发明的用处或害处等等)来评价各个时代和民族的伟大意义,总的说来,就是用一个尽可能平庸的尺度来衡量一切崇高事物;要不然,如果他企图在另一方面寻找一种历史实用主义,他就在各种历史事件里面钻牛角尖,或者对各种历史素材旁征博引,最后炮制出一种空洞的、废话连篇的学说,比如人类的持续进步,以及**我们**如何最终完成这项辉煌事业等等。② [V, 309]

尽管如此,即使在最神圣的东西下面,也没有什么东西能够

---

① 歌德《浮士德》第一部,第577行。——译者注
② 同上书,第573行。——译者注

比历史更神圣,因为历史是世界精神的一面伟大的镜子,是神性知性谱写的一部伟大诗作:没有什么东西比历史更不能容忍肮脏之手的玷污。

历史的实用主义目的本身就排斥普遍性,因此它必然指向一个偏狭的对象。它的教育目标是给各种历史事件找到一个正确的、在经验中得到论证的联系,而通过这种教育,虽然知性得到了启蒙,但理性却毫无收益,没有得到满足。康德的世界公民意义下的历史图景同样也是致力于让历史在整体上达到一种单纯的知性合法性——据说这是一种"更高层次的"合法性,因为它所依据的是自然界的普遍必然性,按照它的规定,战争应当转变为和平,甚至最后转变为一种永恒和平,然后从众多混乱状态里面产生出一种真正的法权制度。问题在于,康德心目中的自然界本身仅仅是真正的必然性的一个经验映像,相应地,他的那个以此为准绳的历史的目标也不是指向世界公民,毋宁仅仅指向普通的公民或市民,也就是说,他只不过希望展示人类如何推进到一种安宁的交往、牟利和贸易,随之在总体上把这些事情看作是人类生命及其活动的最高成果。

很明显,如果仅仅按照经验必然性去寻找各种历史事件的联系,那么这始终只能是一种实用主义的联系。然而历史学按其最高理念而言必须独立于一切主观联系,必须从中解放出来,因此经验论立场无论如何不可能是历史学阐释的最高立场。

真正的历史学也是建基于给定事物或现实事物与观念事物的综合。但这不是通过哲学而发生的,因为哲学毋宁是要扬弃现实性，成为一种完全观念性的东西，而历史学应当完全立足于现实性，同时又是一种观念性东西。这种情况只有在艺术里面才是可能的，因为艺术完全容忍现实事物的持存，就好比舞台上必须上演实实在在的事件或故事，当然，这些事件或故事必须呈现为一种完满的、统一的东西，随之表达出那些最高理念。因此，正是通过艺术，历史学作为一种以现实事物本身为对象的科学，同时超越了现实事物，提升到更高层次的观念事物的领域，即科学所处的那个领域。就此而言，历史学的第三个立场和绝对立场乃是"历史学艺术"的立场。 [V, 310]

我们必须解释这个立场和之前两个立场之间的关系。

不言而喻，历史学家不可能由于偏爱一种想象中的艺术而去篡改历史素材，因为历史是以真相为最高准则。同样，我们也不认为一种更高层次的阐述就可以忽视事情的真实联系，毋宁说，这种阐述和戏剧中对于行为的解释是完全一样的，因为在一部戏剧中，虽然个别行为必须发源于先前的行为，到最后一切东西都必须发源于必然性的最初综合，但行为的顺序本身却不能以经验的方式，而是只能借助事物的一个更高层次的秩序而得到理解把握。经验原因能够满足知性，但是，只有当它们被用作一种更高层次的必然性的工具、手段和现象，理性才会认为历史达到了完满。在这样一种阐述中，历史必定会具有一部最伟大和最令人震撼的戏剧的效果，而这部戏剧只能通过一个无限的精神创作出来。

我们已经把历史学和艺术放到了同一个层次上。然而艺术呈现出来的东西，始终是必然性和自由的一种同一性，而这个现象，尤其是悲剧中的这个现象，是我们真正为之感到惊叹的对象。这种同一性同时也是哲学看待历史的立场，甚至是宗教看待历史的立场，因为宗教所认识的"天命"或"神意"无非是这样一种智慧，它在世界蓝图中把人类自由和普遍必然性统一起来，

[V, 311] 反过来把普遍必然性和人类自由统一起来。当然，真正的历史学既不应当采纳哲学的立场，也不应当采纳宗教的立场。因此它必须在另一种意义上阐述自由和必然性的同一性，也就是说，这种同一性应当从现实性的角度显现出来，而且绝不会脱离这个角度。但是，从这个角度出发，这种同一性只能被看作是一种不可把握的、完全客观的同一性，亦即命运。这不是说历史著作家应当言必称"命运"，毋宁说，命运应当通过他的客观阐述而自然而然地、不动声色地显现出来。希罗多德的历史著作充斥着厄运和复仇，它们仿佛是一些不可见的、无处不在的神灵；反之，修昔底德的著作加入了演讲，因此已经展现出戏剧的风格，按照这种更高层次的、完全独立的风格，那个更高层次的统一体在形式中表现出来，并且完全成为一种外在的现象。

　　关于历史学研究应当遵循的方法，如下所述大概已经足够。就整体而言，历史学必须参照史诗的创作手法，既无明确的开端，也无明确的终点。也就是说，历史学家尽可以抓取自己认为最重要或最有趣的一个点，于是乎，整体就从这个点出发塑造自身，并且沿着所有方向扩张自身。

　　人们应当避开所谓的"普遍历史学"（Universalhistorien），因

为它们不提供任何教益;至于一种能够带来教益的"普遍历史学",暂时还不存在。真正的"通史"(Universalgeschichte)必须是以史诗的风格,亦即在精神中创作的,而希罗多德就具有这个禀赋。至于现在所谓的"通史",只不过是一些纲要,把所有特殊的和有意义的东西混杂在一起。就此而言,即使是一个没有选择历史学为自己的特殊专业的人,也应当尽可能依据原初材料和专题历史,因为这些东西能够给他提供多得多的教益。就近代历史而言,他应当学会爱上那种朴素单纯的编年史,因为编年史既不搞什么添油加醋的性格刻画,也不以心理学的方式解释历史事件的动机。

一个想把自己训练为一位历史学艺术家的人,其唯一需要学习的就是古人的那些伟大典范,而在普遍的公众生活崩溃之后,今人已经绝不可能重新达到他们的高度。如果不考虑吉本①——他的著作具有宏大的构想,独自包含着近代的伟大转折点的全部力量,尽管他仅仅是一个演说家,而不是一个历史书写者——可以说后来的历史学家都仅仅是偏重于某一个民族,其中值得一提的只有马基雅维利②和缪勒③。 [V, 312]

如果一个人想要以得体的方式描绘历史,他必须克服哪些

---

① 爱德华·吉本(Edward Gibbon, 1737—1794),英国历史学家,代表作为六卷本巨著《罗马帝国衰亡史》。——译者注
② 尼可罗·马基雅维利(Niccolo Machiavelli, 1469—1527),意大利政治思想家和历史学家。其历史学方面的代表作为《论李维》《佛罗伦萨史》。——译者注
③ 约翰内斯·缪勒(Johannes Müller, 1752—1809),瑞士历史学家和政治活动家,德国"历史主义"(Historismus)奠基人之一,其代表作为五卷本巨著《瑞士史》。——译者注

艰难险阻呢？对于这一点,我们目前只能通过这个人①年轻时书写的信件来大致判断,他凭借什么决定献身于这个职业。无论如何,科学和艺术能够提供的一切东西,还有一个经验丰富的公众生活能够提供的一切东西,都必须为培育历史学家做出贡献。

历史学风格的最初原型是一种处于其原初形态的史诗,以及悲剧。因为,如果说通史——它的开端就像尼罗河的源头一样是不可认识的——偏爱史诗的形式和充实性,那么反过来,专题历史则是更希望聚焦于一个共同的中心点,更何况对于历史学家而言,悲剧乃是伟大理念和崇高思维方式的真正源泉,他必须接受其陶冶。

在我们看来,狭义的历史学的对象是自由的客观有机体(亦即国家)的塑造过程。存在着一门以国家为对象的科学,正如必然存在着一门以自然界为对象的科学。国家的理念不可能取材于经验,因为经验本身是按照理念才产生出来的,而国家应当显现为一个艺术作品。

一般而言,既然各种实在科学只有通过历史学要素而与哲学区分开来,那么这种情况也适合于法学。然而在法学的历史学要素里面,只有那些表现出理念的东西能够属于科学,而那些按其本性而言就纯粹有限的东西,比如一切法律形式,就不属于科学,因为这些形式仅仅涉及国家的外在装置。至于当前的法学教学所讲授的东西,几乎完完全全都是属于那个外在装置,正

---

① 指爱德华·吉本,他的书信集的德译本出版于1801年。——译者注

如人们在其中看到的那样,处于公开状态的精神仿佛仅仅生活 [V, 313]
在一堆废墟里面。

对法学而言,唯一的准则就是以经验的方式从事教学,比如在面对法庭审理的个别案件或面对公众关系的时候必须怎样使用法学知识,而不是去玷污哲学,把哲学和一些与之毫无关系的事物搅和在一起。国家的科学建构,当涉及国家的内在生活的时候,不可能在后来的时间里找到一种对应的历史学要素,除非那个与之对立的东西本身能够重新把自己的对立面反映出来。私人生活,随之还有私人法权,已经和公众生活分离了,然而私人生活一旦脱离了公众生活,就不再具有绝对性,正如它在自然界里面也不能掌握个别物体的存在,不能掌握个别事物相互之间的特殊关系。一旦普遍的公众精神从个别生活那里完全抽离出来,个别生活就成为国家的一个纯粹有限的方面,蜕化为一种完全僵死的东西,就此而言,那种在国家里面占据支配地位的合法性所依据的不可能是理念,毋宁充其量只是一种机械的敏锐判断,它在个别案件中呈现出合法性的经验理由,或依据那种合法性而在有争议的案件中做出裁决。

法学里面唯一能够用"普遍历史学"观点来解释的东西,是公众生活的形式。也就是说,我们可以从近代世界和古代世界的对立出发来解释这个形式及其各种特殊规定,并且认为这个形式具有一种普遍的必然性。

必然性和自由的和谐必定会以一种外在的方式体现在一个客观统一体里面,而在这个现象里,和谐继续区分为两个方面,并且通过其分别在实在东西或观念东西里的表现而具有不同的形态。在实在东西里,和谐的完满现象是一个完满的国家,只要特殊东西和普遍者绝对地合为一体,一切必然的东西同时也是自由的,一切自由发生的东西同时也是必然的,这个国家的理念也就实现了。在那个客观的和谐中,一旦外在的公众生活消失了,其位置就必须由一种主观的、属于观念统一体的生活来填补,而这就是教会。当国家与教会处于对立关系之中,它本身就代表着整体的自然界方面,必然性和自由在其中合为一体。如果国家被看作是一个绝对者,它必定会把它的对立面当作一个现象而加以压制,因为它已经把这个现象包揽在自身之内;正因如此,希腊国家不知道有"教会"这种东西——这里我们没有把各种神秘学考虑在内,因为神秘学本身仅仅是公众生活的一个分支。自从神秘学成为显白的,国家反过来就成为隐秘的,因为在国家里面,仅仅是个别东西生活在整体之内(二者之间是一种差异关系),而不是整体同样生活在个别东西之内。在国家的实在现象里,统一体存在于多样性之内,二者浑然一体;一旦统一体和多样性形成对立,所有别的包含在这个现象里面的对立也在国家里暴露出来。统一体必须占据统治地位,但它不是具有一个绝对的形态,而是具有一个抽象的形态,即君主制,而君主制的概念和教会的概念在本质上是纠缠不清的。反过来,当多样性或群众与统一体本身形成对立,它就必定会完全蜕化为个别性,不再是普遍者的工具。在自然界里面,多样性作为无限性在有限性中的内在塑造,本身也是一个绝对的东西,在其自身内既是统一体也是多样性;同样,在一个完满的国家里,当多样性(在奴隶阶层那里)形成一个封闭的世界,它在这个世界之内恰恰也是一个绝对的东西,代表着国家特殊的、正因如此独立的、实在的方面,而出于同样的理由,自由人则是在一个观念生活或一个等同于理念的生活的纯粹以太中活动。从一切方面来看,近代世界都是一个充满着混杂的世界,而古代世界则是一个立足于纯粹分殊和纯粹限制的世界。所谓的"市民自由"或"资产阶级自由"只不过是把奴隶状态与自由以最为杂乱无章的方式拼凑起来,它不能保障一种绝对的独立性,正因如此,它也不能保障奴隶状态和自由各自的独立性。统一体和多样性的对立使得国家里面必须有一些居间者,但这些居间者夹在"统治者"和 [V, 315]"被统治者"中间,没有办法把自己塑造为一个绝对的世界,因此它们同样只能处于对立关系之中,绝不可能获得一种独立的、独有的、事关本质的实在性。

  任何一个人,如果他希望作为一个自由人而去掌握那种以法和国家为对象的"官方科学"(positive Wissenschaft),必须首先做出这样一个努力,即在哲学和历史的帮助下,对于后来世界及其必然的公众生活形式获得一个活生生的直观。至于在学习这门科学的时候,应当借助哪些原初材料,这事用不着太计较;关键在于,人们应当带着独立的精神,不去考虑实用关系,而是实事求是地对待这些原初材料。

  这件事情的根本前提是一个真正的、依据理念而进行的国家建构。对于这个任务,迄今为止,柏拉图的《理想国》是唯一的一个解决方案。尽管我们在这里也必须承认现代世界和古代世界的对立，但这部神性的著作永远都将是一个原型和模范。至于一个国家如何在当前的形势下达到真正的综合，我们至少在前面已经有所提及，但如果没有具体的实施方案，或者说，如果不能以一个现成的文献为依据，那么这件事情不可能得到进一步的解释。有鉴于此，我在这里仅仅指出，在迄今的关于所谓的"自然法权"的讨论中，哪些东西是唯一值得关注并且已经取得成功的。

在哲学的这个部分里，分析的方法和形式主义几乎是以一种最为顽固的方式坚持下来。那些基本概念要么来源于罗马法，要么来源于某一个现在通行的法律形式，以至于"自然法权"不仅成为人类本性的全部可能的推动力，成为一整套心理学，而且一步一步地占领了人们所有能够想到的程式。通过对于这些概念的分析，人们找到了一系列形式命题，然后希望借助于这些命题而在官方法学里面制造出井井有条的局面。

尤其是那些康德主义的法学家，他们已经孜孜不倦地致力于把这种哲学当作法学的婢女，并且出于这个目的一再修改"自然法权"的界定。而这种哲学思考方式的表现，就是对于各种概念饥不择食，也不管这些概念的本性究竟是怎样的，反正只要是一个概念就行。他们抓住概念之后，就绞尽脑汁想要强迫民众跟着这些概念前进，同时自诩创造了一个"独立的体系"，但这个体系很快就被另一个"独立的体系"驱逐了，如此以往。

费希特提出的自然法权首次把国家重新建构为一个实在的

有机组织。假若人们把国家制度的单纯否定的方面(它仅仅以保障法权为目的)孤立出来,假若人们把一切充满能量的官方机构(它们维系着公众生活的节律运动和美)抽离出来,那么除了那部著作呈现出来的结果和国家形式之外,人们确实别无良方。然而这种把单纯有限的方面抽离出来的做法只会导致国家制度的有机体沦落为一个有限的机械组织,其中不再有任何无条件的东西。总的说来,我们可以批评迄今的一切尝试,即它们的努力全都是带着一种依赖性,也就是说,它们之所以构想出一个国家制度,只是**为了**达到这个或那个特定目标。在这种情况下,人们究竟是把这个目标设定为"普遍的幸福""人类本性的社会冲动的满足",还是设定为某种纯粹形式上的东西,比如"自由人在尽可能自由的条件下生活在一起"等等,这些都是无关紧要的,因为国家无论如何都是被理解为一个手段,一个有条件的、有所依赖的东西。然而一切真正的建构按其本性而言都是绝对的,始终指向唯一的一个东西,哪怕这个东西处于一个特殊的形式之下。借用这里的例子,它不是国家本身的建构,而是一个绝对有机体在国家形式下的建构。就此而言,"把国家建构起来"不是指把国家当作某种外在东西的可能性的条件;除此之外,即使国家暂时只是呈现为绝对生活的一个直接的、可见的形象,它本身也满足了全部目的:这就好比,自然界之所以存在,并不是为了与物质达成平衡,毋宁说,正因为自然界存在,所以这个平衡存在。

第十一讲　论普遍自然科学

当我们谈到"绝对的自然界",我们在此理解的是一个不包含对立的宇宙,并且仅仅在这个宇宙里面进而区分出两个方面:在其中一个方面,理念以实在的方式诞生,而在另一个方面,理念以观念的方式诞生。这两种诞生之所以发生,是绝对创造活动按照相同的法则而导致的同一个结果,因此在自在且自为的宇宙里面,没有分裂,只有完满的统一体。

为了把自然界理解为理念的普遍诞生地,我们必须回溯到理念本身的起源及其意义。

理念的起源包含在绝对性的一条永恒法则亦即"自己成为自己的客体"之内;按照这条法则,上帝的创造活动就是把整个普遍性和整个本质性内化(Einbildung)在特殊形式之内,通过这个方式,这些特殊形式同时也是宇宙,亦即某些哲学家所说的"单子"或"理念"。

哲学以更详细的方式表明,理念是独一无二的居间者,它使得特殊事物能够在上帝之内存在。按照这条法则,有多少特殊事物,就有多少宇宙,与此同时,由于本质上的同一性,全部特殊事物里面只有唯一的一个宇宙。尽管理念在上帝之内是纯粹的、绝对观念性的,但它们绝不是僵死的,而是活生生的;它们是 [V, 318] 神性的自身直观的最初官能,正因如此,它们分有了上帝的本质的全部属性,即使处在特殊形式之下,仍然分有了一种不可分割的、绝对的实在性。

借助于这种分有关系,理念和上帝一样是创造性的,并且按照同样的法则、以同样的方式发挥作用,也就是说,理念把自己的本质性内化在特殊事物之内,使人们能够通过个别的特殊事物而认识到这种本质性;就这种本质性立足于自身、单独得到考察而言,它与时间无关,但从个别事物的立场来看,并且对于个别事物而言,它是处于时间之中。理念相当于事物的灵魂,事物相当于理念的身体;在这个关联下,理念必然是无限的,事物必然是有限的。就此而言,无限者和有限者唯有通过一种内在的、本质上的同一性而合为一体。因此,如果有限者作为有限的东西不是已经把整个无限者包揽在自身之内,并且将其表达出来,如果有限者仅仅是有限者自身,那么,即使从客观的方面来看,**理念**也不可能作为灵魂而出现,相应地,本质也不是自在地显现自身,而是通过另一个东西(亦即通过存在)而显现。反之,如果有限者自身就承载着内化在其中的整个无限者,正如一个最完满的有机体本身已经是整个理念,那么事物的本质也会作为灵魂,作为理念,参与进来,实在性也会重新消解在观念性之内。这种情况发生在理性里面,因此理性是自然界的核心,是理念的客观化活动的核心。

正如绝对者通过永恒的认识活动而在理念之内成为一个对

自己而言客观的东西,同样,理念也以一种永恒的方式在自然界之内发挥作用;如果人们以感性的方式看自然界,也就是说,如果人们从个别事物的立场来看自然界,那么自然界是在时间中诞生出事物,而由于自然界已经通过理念的神性种子而受孕,所以它显现为一种无穷丰饶的东西。

通过以上所述,我们能够解释两种相互对立的关于自然界的认识方式和观察方式。其中一种方式把自然界看作是理念的工具,或一般地看作是绝对者的实在方面,随之认为它本身就是绝对的,另一种方式把自然界看作是一种孤立的、与观念东西分割开来的东西,随之认为它是相对的。一般说来,我们可以把前者称作哲学的观察方式,把后者称作经验的观察方式,至于后者具有怎样的价值,取决于我们对如下这个问题的解答:"经验的观察方式在总体上并且在某种意义上能够导向一种自然**科学**吗?"

很显然,经验的观点不可能超越于形体之上,不可能把形体当作某种自在的东西来考察;与此相反,哲学的观点仅仅把形体理解为观念东西(通过一种主体—客体化行动)转化而成的实在东西。理念在事物之内使自身象征化,而由于它们本身是绝对认识活动的形式,所以它们在事物之内显现为存在的形式,好比造型艺术扼杀了事物的理念,以便赋予事物以客观性。经验论在对待存在的时候,完全不考虑存在的意义,殊不知象征的本性在于,它在自身之内拥有一种独立自足的生命。现在,一旦处于这种分割状态,它就只能显现为一个纯粹有限的东西,完全否定了无限者。假若后来的物理学里面只有这个观点一统天下,假若不是有一个"精神"概念与那个"物质"(这里指一种纯粹身体性东西)概念绝对地相对立,这个观点恐怕早就已经成为一个自足的整体,恐怕早就达到了它在古代原子论尤其是伊壁鸠鲁的原子论体系那里所达到的完满。伊壁鸠鲁的体系通过消灭自然界而把心灵从渴望和畏惧中解放出来,殊不知这个做法本身就充斥着独断论的一切表象,它产生自分裂,而且还会继续造成分裂。

这个思想体系的源头就是笛卡尔,它已经从根本上改变了精神和科学与自然界本身的关系。它关于"物质"和"原子论"的看法并不比原子论更加高明,与此同时,它又没有勇气把原子论扩张为一个无所不包的整体,所以它从总体上把自然界看作是一本封闭的书,看作是一个秘密,对于这个秘密,人们始终只能以个别的方式(而且这完全依赖于偶然和运气),但绝不可能在整体上加以探究。首先,就科学的概念而言,它在本质上就注定不是以原子论的方式,而是从唯一的一个精神那里塑造出来的;其次,整体的理念先于部分,而不是反过来部分先于整体的理念。既然如此,那么很显然,一种真正的自然科学在这条道路上是不可能的,是没法建立起来的。 [V, 320]

自在且自为地看来,纯粹有限的观点已经抛弃了全部有机论观点,它们一方面用机械论的单纯序列取代了有机体,另一方面用解释取代了建构。所谓"解释"(Erklärung),就是从观察到的后果回溯到原因;问题在于,即使恰恰只有这些原因而没有别的原因,即使这个推论方式是恰当的,即使没有别的直接来自于一个绝对本原的现象,在所有这些情况下,人们也不能言之凿凿地断定,通过这些原因,那些后果就是可以理解的。因为以上情况并不能断定,它们是否也有可能来自于另外一些原因。只有当人们认识到自在的原因本身,并且由之推论到后果,原因和后果之间的联系才会是一种必然的、自明的联系;更何况,在形势所迫的情况下,人们必须从原因推导出后果,因为他们事先已经想到了一些原因,然后认为有必要从中推导出那些后果。

一切事物的内核,或者说一切事物的活生生的现象的源泉,都是实在东西和观念东西的统一体,这个统一体自在地看来是一种绝对的静态,仅仅通过外来的差异化而被规定着去行动。自然界里面的一切行为都是出于同一个根据,它无处不在,不以任何别的根据为条件,并且在与每一个物相关联时都是绝对的,正因如此,不同的行为之间只能通过形式而相互区分,而且没有哪一个形式能够通过另一个形式而被理解,因为每一个形式和别的形式在本质上都是同一个东西。自然界之所以形成一个整体,不是因为一个现象依赖于另一个现象,而是因为一切现象都起源于一个共同的根据。

[V, 321] 经验论已经隐约觉得,自然界里面的一切东西都是以万物的前定和谐为中介,而且任何一个事物都只能通过一个普遍实体的中介而去改变或影响别的事物。但即便如此,它仍然以机械论的方式来理解这种情况,并且用"远程作用"(Wirkung in die Ferne)——就这个术语在牛顿及其追随者使用的意义上而

言——这个莫名其妙的东西来解释这一切。

由于物质在自身内不具有一个生命本原,所以人们企图用"精神作用于物质"这个理由来解释某些最高层次的现象,比如意愿活动或类似活动。在这种情况下,为了解释眼前的各种因果作用,他们假设有一个位于物质之外、仅仅类似于物质的东西,然后把各种最基本的性质(比如重力等等)从这个东西那里剥离出去,以此得到一个否定意义上的"精神"概念(即把它当作是一个非物质的实体),仿佛通过这个方式就能够消除或至少是避免二者之间的对立。然而即使我们承认"不可测量的物质"或"不可控制的物质"之类概念是可能的,按照那种推论方式,物质内的一切东西都将是通过外在作用而被设定的,死亡将是第一位的东西,而生命却是派生出来的东西。

再者,哪怕我们从机械论出发,通过上述解释而完全理解了每一个现象,但这种情形和某些人解释荷马或某一位作家的方式是完全一样的:他们先是告诉我们,印刷字母有哪些形式,然后向我们展示,这些字母通过何种方式排列组合,直到付印,最后宣布,那部著作就此产生出来了。简言之,这种情形和迄今的自然科学所主张的"数学式建构"是大致相似的。但我们早就已经指出,在这件事情上,数学形式完完全全是以一种机械的方式被使用。数学形式并不是现象本身的根本理由,毋宁说,这些理由包含在某种完全异质的东西(亦即经验性东西)里面,好比天体之所以运动,是由于一个从侧面过来的撞击。没错,人们已经通过数学的应用而精确地掌握了行星之间的距离、行星的运转周期和重新出现的时间,然而关于这个运动的本质或自在体(An-sich),数学从来没有给予我们丝毫启发。因此直到现在为止,所谓的"数学式自然科学"都仍然是一种空洞的形式主义,其中没有任何真正意义上的自然科学。

人们经常在理论和经验之间制造出一个对立,殊不知这个对立根本就是不成立的,因为"理论"概念本身就包含着一个与特殊性的联系,随之包含着与经验的联系。绝对科学不是一种理论,因为"理论"概念本身就意味着普遍者和特殊东西的交织和混杂,而普通知识就是局限在这个领域里。实际上,理论之唯一区别于经验的地方在于,理论是通过抽象提炼的方式让经验摆脱各种偶然条件,让经验在其最原初的形式中呈现出来。关键在于,这样一种提炼,以及在每一个现象里面纯粹地呈现出自然界的行动,这些恰恰也是实验的任务;也就是说,理论和实验处于同一个层面。既然如此,从事实验的自然科学家凭什么认为自己的工作高于理论呢?毋宁说,唯有理论在指导着实验,假若没有理论的指导,实验压根就不知道应当向自然界提出什么"问题"(如人们通常所说的那样),不仅如此,理论的深远意义也决定了答案可具有的自明性。理论和实验的共同之处在于,它们的出发点始终是一个特定的对象,而不是一种普遍的、绝对的知识。只要二者始终忠实于自己的概念,就能够和那种错误的"空想理论"(Theoretisieren)截然区分开来,后者虽然也想要解释自然界,但仅仅是臆想出各种原因而已。所谓"忠实于自己的概念",意思是说,理论和实验都是仅仅致力于把现象本身陈述或呈现出来，在这一点上它们和建构是一致的，因为建构同样不去"解释"什么事情。假若理论和实验有意识地联合起来共同努力，那么它们唯一的目标，就是从圆周奔向圆心，正如建构的唯一目标是从圆心奔向圆周。问题在于，无论是走向圆心的道路，还是从圆心出发的道路，都是无限的，而在这种情况下，因为占据中心点乃是科学的第一个条件，所以沿着第一条道路是必定没法触及到科学的。

任何一门科学，为了成为一个客观的实存，都需要具有一个显白的方面；因此自然科学或哲学必定也具有这样一个方面，以表现为自然界的建构。人们只能在实验及其必然的关联者即理论（刚才所说的那种意义上的理论）里面找到这个建构；然而这个建构没有必要成为科学本身，或者说没有必要成为某种不同于科学的实在方面的东西——在这个实在方面里，那在科学的诸理念里面同时并存的东西，在空间里分离崩析，在时间里延绵不断。只有当经验致力于以独特的方式成为科学里面的"经验建构"，它才会作为科学的身体而与之结合在一起；只有当经验把各种解释和猜想具体展开，成为现象本身的纯粹客观的呈现，仅仅希望把这个呈现当作一个理念而陈述出来，它才会在整体的精神里面得到教导和推动；但是，如果一种干瘪的经验从自己的扭曲观点出发来展望宇宙，或把这些观点强加在对象身上，换言之，如果这个经验的开端完全违背一些已经普遍得到证实的、显而易见的真理，用各种支离破碎的普通经验来反对一个真理体系，同时希望自己从一个茫茫无尽头的事件系列或一堆杂乱

[V, 323]

无章的条件中挣脱出来,那么可以说,企图通过这个方式来反对科学,就和——容我借用一个著名的比喻——那种企图用麦秆堵住海堤决口的做法没有任何区别。

因此,一种绝对的、立足于理念的自然科学乃是第一位的东西,唯有以之为条件,经验的自然科学才能够不再盲目奔波,转而遵循一个有条理的、目标明确的方法。我们要求对现象进行建构,但科学的历史表明,如果人们是通过实验来做这件事情,那么它在任何时候都是仅仅立足于个别情况,仿佛依赖于一种本能,因此,为了让这个研究自然界的方法成为一个普遍有效的东西,人们必须把一种绝对的科学里面的建构当作榜样。

[V, 324]

这样一种建构的理念,我已经不厌其烦地、一再地给你们阐述过,因此我在这里只需要谈谈它的那些最一般的表现。

自在地看来,自然科学本身已经超越了个别现象和个别产物,达到了那样一个东西的理念,在其中,各种现象和产物原本是浑然一体的,然后从这个共同的源头处涌现出来。诚然,经验也是把自然界当作一个整体,对此具有一个模糊的观念,即隐约觉察到,在这个整体里,一切东西规定着唯一的一个东西,唯一的一个东西规定着一切东西。因此,如果人们不认识整体而只认识个别事物,这是无济于事的。关键在于,唯有通过哲学,人们才能够认识到"统一体"和"大全"浑然一体的那个点,或更确切地说,哲学本身就是对于这个点的认识。

哲学的首要目的和必然目的,就是要理解万物如何从上帝或绝对者那里诞生;由于自然界乃是"主体—客体化"这一永恒行为的整个实在方面,所以自然哲学是一般意义上的哲学的首要方面和必然方面。

哲学的本原和要素是绝对观念性,但是,假若绝对观念性没有作为主观性而转变为客观性——那个显现着的、有限的自然界乃是这个转变的一个象征——它就是永远不可认识的,永远都将遮蔽着自身。就此而言,哲学在整体上是一种绝对唯心论,因为那个永恒行为也是属于一种神性的认识活动,既然如此,自然哲学也不是以绝对唯心论为对立面,而是仅仅以相对唯心论为对立面,因为相对唯心论仅仅把握到绝对观念的一个方面。上帝把自己的本质性完全内化到特殊性之内,直到二者达到一种同一性,并通过这个方式创造出理念,使得这个统一体(理念借此成为一种立足于自身的实在东西)和那个统一体(理念借此成为一种立足于绝对者的观念东西)直接是同一个统一体。但在那些仅仅作为理念的肖像的特殊事物里面,这些统一体并不是显现为唯一的一个东西,毋宁说,由于在自然界(这仅仅是一个相对实在的方面)里,前一种统一体处于优势地位,所以它与另一个方面形成对立,于是观念东西赤裸裸地、原封不动地出现在实在东西里面,显现为否定,反过来,后一种统一体显现为肯定,显现为前一种统一体的本原,因为不管怎样,两种统一体都仅仅是绝对观念的相对显现方式,它们在绝对观念里面是绝对地浑然一体的。按照这个观点,无论是那个立足于自在体的自然界(这时它是"主体—客体化"这个完整而绝对的行为本身),还是那个作为现象的自然界(这时它呈现为那个行为的相对实

[V, 325]

在方面或客观方面),其就本质而言都是同一个东西,其中没有内在的差异性,毋宁说,它在全部事物里面都是同一个生命,同一个权力,同一个通过理念而铸成的合金。自然界里没有纯粹的身体性,毋宁说,不管在什么地方,灵魂都是以象征的方式转变为身体,而对现象而言,只不过要么是灵魂处于优势地位,要么是身体处于优势地位。出于同样的理由,自然哲学也只能是唯一的一门科学,虽然知性把它分解为各个部分,但这些部分只不过是一种绝对知识的分支罢了。

总的说来,建构意味着实在东西在观念东西中的呈现,或特殊东西在绝对普遍者(即理念)中的呈现。一切特殊东西就其自身而言都是形式,然而在一切形式里面有一个必然的、永恒的、绝对的形式,它是其他形式的源头和根源。"主体—客体化"这一行为贯穿着全部事物,深深地扎根在各种特殊形式里面;所有这些特殊形式都仅仅是一个普遍的、无条件的形式的不同显现方式,所以它们在这个形式里面本身也是无条件的。

进而言之,由于全部事物的内在范型出于共同的来源,必然是同一个范型,而且人们能够认识到这个范型的必然性,所以这个必然性也伴随着那个以范型为基础的建构。因此建构不需要经验的证实,毋宁说它本身就是自足的,而且可以一直延伸到那样一个地方,在那里,经验遭到一些不可攀越的界限的阻碍,比如它就不可能深入到有机生命和普遍运动的内在动力机构里面。

并非只有行动才面临着一个命运,同样,知识在面对宇宙和自然界的自在体时，后者也是显现为一个无条件的必然性。按照一位古人的名言，当一个勇敢的男人和厄运做斗争的时候，诸神正在津津有味地俯视着这出大戏，同理，精神为了直观原初的自然界及其现象的永恒内核而付出的艰辛努力，也是一个同样壮观的场面。正如在悲剧里，冲突的真正解决方式既不是让必然性失效，也不是让自由失利，而是仅仅去提升其中一方，使之与另一方达成完满的一致性，同样，精神在和自然界的斗争中也只能通过如下方式带着和解的姿态脱身出来，即让自然界达到与精神的完满无差别，让自然界升华为一种观念东西。 [V, 326]

一位诗人在一部最具有德意志民族特色的诗作里，[①] 把他的发明创造和那个从永不餍足的求知欲里面产生出来的冲突联系在一起，从而开启了一个永恒清新的灵感源泉；单是这个源泉就已经足以让这个时代的科学重获青春，为其注入一个新的生命的气息。如果一个人想要进入自然界的神庙，他必须聆听这些来自上界的声音，必须在早先的青春时代里面吸取力量，这个力量仿佛伴着密集的光芒从那部诗作中绽放出来，推动着世界的至深内核。

[①] 这位诗人即歌德(1749—1832)，该诗作指其历时六十多年创作的《浮士德》。虽然这部诗作的最终成品的第一部是1808年才发表的(谢林的《学术研究方法论》写作于1803年)，但《浮士德片段集》早在1790年即已出版，其基本理念已经为广大德国知识界所熟知。——译者注

第十二讲　论物理学研究和化学研究

　　在那些唯有通过经验才能够被认识到的特殊现象和特殊形式之先，必然有一个东西，即物质或实体，使得它们成为可能。经验仅仅把这个东西看作是形体（Körper），亦即一种在形式上变幻不定的物质；哪怕经验通过别的方式追溯到一种"原初物质"，它也仅仅把这看作是一堆在形式上变幻不定、在数量上未知的形体，随之把它们称作"原子"。也就是说，经验没有认识到那个原初的统一体，它不知道，自然界里面的一切东西都是出自这个统一体，并且最终回归到这个统一体。

　　为了认识到物质的本质，人们必须彻底抛开任何一个特殊种类的物质的形象，比如所谓的"无机物质"或"有机物质"等等，因为自在地看来，物质仅仅是这些不同形式的共同源头。绝对地看来，物质是绝对者的永恒的"自身直观"行为，通过这个行为，绝对者使自己成为一个客观的、实在的东西。至于物质的这个自在体究竟是什么东西，以及特殊事物如何伴随着现象的规定而从自在体那里产生出来，这些只能是哲学去研究的问题。

　　关于那个自在体，我在前面已经进行了充分的讨论，因此我接下来只谈谈特殊事物的产生。每一个特殊事物的理念都是一个绝对的单一体,而这个单一的理念已经确保了同类型的无穷多事物的转变和生成,而且它的无限可能性绝不会通过任何现实性而被穷尽。由于绝对性的第一个法则就是"绝对不可分", [V, 328] 所以理念的特殊性不可能来自于其他理念做出的否定,而是只能来自于这样一种情况,即全部理念——各自按照自己的特殊形式——内化在每一个理念之内。人们必须把理念世界里面的这个秩序当作一个模版,借此认识可见的世界。即使在可见的世界里,最初的形式也是这样一些统一体,它们在自身内承载着所有别的特殊形式,然后将其创造出来,正因如此,那些特殊形式本身也是显现为诸多宇宙。至于它们如何过渡到广延,随之填满空间,这一点必须从"统一体内化到多样性之内"这一永恒形式推导出来,也就是说,多样性虽然在理念中是和与之对立的统一体浑然不分的(如同已经指出的那样),但在现象中则是可以与统一体区分开来的,而且已经区分开来。至于最初的和普遍的填满空间的方式,必然是这样的:正如感性统一体作为理念产生自绝对者(这是它们的核心),同样,感性统一体在现象中也是产生自一个共同的中心点,换言之,因为每一个理念本身又是创造性的,能够是一个核心,所以感性统一体从一些共同的核心那里诞生出来,并且和它们的原型一样,既是有所依赖的,同时也是独立的。

因此,根据物质的建构,在物理学里面,对于世界大厦及其规律的认识乃是最基本和最重要的认识。自从开普勒的神性天才揭示出那些规律以来,"数学式自然科学"在这件事情上的贡献已经是人所周知的,也就是说,它已经尝试做出一种建构,哪怕这种建构就其理由而言完全是经验性的。人们可以接受这样一个普遍的规则:只要某个东西在一个所谓的建构里不是一个纯粹的、普遍的形式,它就既不可能具有科学内涵,也不可能具有真理。人们由之推导出天体的向心运动的那个理由,不是一个必然的形式,而是一个经验的事实。牛顿主张的引力或许对于那种执着于反思立场的观察来说是一个必然的假设,但对于那种仅仅以绝对关系为认识对象的理性来说却是毫无意义的,随之对于建构来说也是毫无意义的。实际上,即使不依靠任何经验,仅仅从那种关于理念以及两种统一体的学说出发,人们也能够认识到开普勒定律的理由,也就是说,自在地看来,两种统一体本身是唯一的一个统一体,正因如此,每一个本质既是绝对地立足于自身,同时也是立足于绝对者,反之亦然。

[V, 329]

物理天文学,或者说那种以天体的特殊性质和特殊关系为对象的科学,就其最根本的理由而言,完全是立足于一些普遍的观点,具体涉及行星体系的时候,则是立足于一种出现在天体和地球产物之间的和谐一致。

天体是理念的一个复制品,因此有和理念一致的地方。也就是说,天体也是创造性的,并且是从自身产生出宇宙的全部形式。尽管从现象来看,物质相当于宇宙的身体,但它在自身之内又分化为灵魂和身体。物质的身体就是个别的形体事物,在其中,统一体完全消散为多样性和广延,正因如此,这些形体事物显现为无机的东西。

关于各种无机形式，一种纯粹历史学的阐述已经成为一个特殊的知识分支：这个做法不是没有道理的，因为它放弃了任何对于内在的性质规定的诉求。人们已经从量的角度来理解物质自身的门类差异性，并且有可能把这种差异性理解为同一个实体通过单纯的形式概念而发生的变形，从此以后，一条走向形体序列的历史学建构的道路也开辟出来了，而在这条道路上，斯迪芬斯①的构想已经做出了一个决定性的开端。

就整个地球而言，地质学必定也是做着同样的事情，因此它不可以把地球的任何产物排除在外，而是必须按照一种历史延续性和交互规定来揭示出一切产物的创生过程。由于科学的实在方面始终只能是一种历史学意义上的东西（因为除了科学之外，只有历史学以一种直接的、探本溯源的方式追求真理），所以，假若地质学能够发展到一个最为充盈的状态，这时它作为一 [V, 330] 种以自然界本身为研究对象的历史学（对它来说，地球仅仅是一个中心点或出发点），就会成为自然科学的一个真正整合，成为自然科学的一个纯粹客观的呈现，相对它而言，实验物理学只能促成一个过渡，只能是一个手段。

如果说形体事物是物质的身体，那么光就是内化在物质之中的灵魂。当观念东西与差别（Differenz）相关联，作为差别的直接概念，它本身就转变为有限的，并且在从属于广延的情况下，显现为一个虽然描述着空间、但并未充实空间的观念东西。

---

① 斯迪芬斯（Henrich Steffens, 1773—1845），德裔挪威哲学家、科学家、诗人，谢林的学生，是其自然哲学的忠实拥护者和推广者。——译者注

也就是说,虽然它在现象里面仍然是一个观念东西,但却不再是"主体—客体化"行为中的那个完整的观念东西(因为它把自己的一个方面放置在形体事物那里),而仅仅是一个相对的观念东西。

　　对于光的认识和对于物质的认识是相同的,甚至可以说,这两种认识是合为一体的,但是二者只有在相互对立之中,分别作为主观方面和客观方面,才能够真正得到理解。自从自然界的这个精神离开物理学之后,物理学在自然界的一切部分里面再也看不到任何生命,也根本不知道如何从普遍自然界过渡到有机自然界。许多错误的推论也可能搭建起一座完整的大厦——牛顿的光学可以说是这方面的一个最明显的例子——哪怕它的每一个部分都是立足于经验和实验。实际上,不管人们是否或在多大程度上意识到这一点,这种光学已经是一种既有的理论,它坚定不移地把各种尝试的意义和顺序导向自身。假若不是有一个稀罕的、但却幸运的本能,或一个通过建构而赢得的普遍范式,预先规定了一个自然的秩序,恐怕人们已经把实验当作是自然知识的一个确实可靠的原则,殊不知实验虽然能够在个别方面予人教益,但绝不可能提供一个完整的观点。

　　地球的萌芽仅仅通过光而舒展开来。也就是说,为了让光作为本质和普遍者而出现,物质必须转变为形式并且过渡到特殊性。

　　形体的特殊化具有一个普遍的形式,这个形式使得形体相互一致且相互联系在一起。实际上,这个普遍的形式就是统一体在差别中的内化,因此从形体与它的各种关系出发,我们必定也能够认识到物质的一切门类差异性。

对一切事物来说,"走出同一性"直接地同时也是"力求返回统一体",后者是万物的观念方面,并且使万物显现为具有灵魂的东西。

在迄今展示出来的各个对象里,"把形体的活生生的现象的总体呈现出来"乃是物理学的最高贵的、唯一的对象,哪怕物理学按照通常的划界方法,被认为不属于有机自然科学。

那些现象,作为形体在本质上具有的外化行动,一般而言被称作"动力学的"。同理,按照那些现象的不同的、特定的形式,它们的总体叫作"动力学演进过程"。

人们必须把这些形式封闭在某个圆圈之内,使其遵循一个普遍的范型。只有掌握了这个范型之后,人们才能够有把握地说,既不会忽视一个必然的环节,也不会把那些在本质上合一的现象看作是不同的现象。通常的实验物理学在面对这些形式的杂多性和统一体的时候,完全是手足无措的,在这种情况下,每当一种新的现象出现在它面前,它就认为有必要假设一个与之前的原则完全不同的新原则,进而一会儿从那个形式推导出这个形式,一会儿从这个形式推导出那个形式。

如果我们用之前已经确定下来的尺度去大致衡量一下当前流行的关于那些现象的理论和解释方式,就会发现,在它们那里,一切现象都仅仅被理解为一种完全偶然的东西,而不是被理解为一个必然的和普遍的形式。比如,人们在解释现象的时候假定有一些"不可测量的流体",但这个假定根本就不是必然的,再者,为了解释磁的现象和电的现象,人们又假定这些流体的同质要素是相互排斥的,其异质要素是相互吸引的,而这更是一个完全偶然的假定。如果人们把这些设想出来的要素组合成一个世界,就会得到这个世界的组织结构的如下一个形象:那些较为粗糙的质料具有很多细孔,细孔里面存在着空气,空气的细孔里面存在着燃素(Wärmestoff),燃素的细孔里面存在着电流体,电流体的细孔里面存在着磁流体,而磁流体同样具有一些间隙,其中存在着以太。尽管如此,这些不同的、逐级包含的流体并不是相互干扰的,而是按照物理学家的个人喜好,分别以自己的方式显现,不是和别的流体发生混合,而是岿然不动地待在各自的位置上。

很显然,这种解释方式不仅不具备任何科学内涵,而且压根就不具备经验的直观性。

通过康德对于物质的建构,一个更高层次的、与现象的物质观相对立的观点发展起来,这个观点虽然提出了很多积极的东西作为论据,但它自身仍然停留在一个过于低端的立场上面。康德提出的"引力"和"斥力"是一些纯形式的因素,是一些通过分析而发现的知性概念,这些概念根本没有给出物质的生命和本质的理念。除此之外,康德不但认为物质的差异性来自于这两种力相互之间的关系,甚至认为这仅仅是一种算术关系,这些都是匪夷所思的。康德的追随者,还有那些试图把他的学说加以应用的物理学家,只要面对动力学现象,就把自己限定在单纯的否定东西上面,而在面对光的时候——他们自以为提出了一个更高层次的关于光的观点——则是仅仅一般地将其称作"非物质的",于是通过这个方式,欧拉①等人提出的一切机械论猜想都做到了相互融洽。

所有这些观点都犯了一个共同的错误,即把物质设想为一种纯粹的实在性。问题在于,人们必须首先以科学的方式掌握事物的普遍的"主观—客观性",然后掌握物质的特殊的"主观—客观性",唯其如此,他们才能够理解这些呈现出物质的内在生命的形式。

之前我们已经指出,每一个事物都存在于同一性之内(这是它们的普遍灵魂),如果事物被设定在统一体之外,就会追求与同一性重新结合起来,就此而言,事物的这种存在和追求是活生生的现象的普遍根据。行为的特殊形式并不是偶然地归属于物质,毋宁说,它们是物质的原初的、天生的、必然的形式。正如理念的统一体在存在里面分化为三个维度,同样,生命和行为在同一个范型里也通过三个形式表现出来,因此这三个形式和那三个维度一样,都是必然归属于物质的本质。通过这个建构,我们不仅确切地知道,形体的活生生的运动只具有这三个形式,而且确切地知道,形体的一切特殊规定都是从属于一个普遍的法则,并且因此能够被看作是一种必然的规定。 [V, 333]

我在这里首先讨论化学演进过程,因为一门以相关现象为

---

① 欧拉(Leonhard Euler, 1707—1783),瑞士数学家、自然科学家。作为18世纪最杰出的数学家之一,他把数学全面引入物理学。代表著作为《无穷小分析理论》《微分学原理》《积分学原理》。——译者注

研究对象的科学已经成为自然知识的一个特殊分支。

近代以来,物理学和化学之间几乎确立了一个决定性的从属关系,即物理学从属于化学。在人们看来,化学应当为解释一切自然现象——包括那些更高层次的形式(比如"磁性""电性")——提供一把钥匙,但真实的情况却是,一切解释方式愈是逐渐回溯到化学,化学自身就愈是没有能力去理解把握自己的独特现象。当科学尚且处于青春时期的时候,人类精神已经预感到了万物的内在统一体,而当今的化学就是从那里继承一些形象化的说法,比如"亲和性"(Verwandtschaft)等等,但这些说法不但没有成为理念的指示牌,反而在化学里面完全成为一些飞地,成为无知的避难所。一切认识的最高本原和最外边界愈来愈成为一种仅仅通过"重量"来理解把握的东西,而自然界天然具有的、在其中起支配作用的精神——是它们创造出各种恒定不灭的性质——却成了一些能够放置和保存在容器之内的物质。

[V, 334] 我并不否认,近代化学丰富了我们对于很多事物的认识,尽管我一直希望,这个新的世界刚开始的时候是通过一个更高级的官能而被揭示出来的。可笑的是,人们居然以为,只需要把那些仅仅由"质料""吸引"之类莫名其妙的词语拼凑而成的事实进行排列组合,就已经创建了一种理论,与此同时,他们根本不知道"性质""组合""分解"之类概念究竟是什么意思。

把化学和物理学分开来进行研究,或许也有一些好处,但是在这种情况下,人们必须同样把化学看作是一种单纯的实验艺术,绝不能把它看作是一门科学。化学现象的建构不是隶属于一门特殊的科学,而是隶属于一种普遍的、无所不包的自然科学,这样人们才会认识到,这些现象不是位于整体的联系之外,不是一些具有独特规律的现象,而是自然界的普遍生命的个别显现方式。

一般说来,普遍的动力学演进过程是在世界体系之内,在地球的整体之内发生的。这个演进过程的呈现就是最宽泛意义上的气象学(Meteorologie),就此而言,气象学是物理天文学的一个部分,因为地球上发生的普遍变迁同样只能通过地球与普遍的世界大厦的关系才能得到理解。

至于力学,由于它的一大部分已经被吸收到物理学之内,所以它隶属于应用数学。由于力学的各种形式就是动力学演进过程的各种形式,只不过是以一种纯粹客观的方式表现出来,仿佛已经被剥夺了生命,所以这些形式的普遍范型是由物理学给力学制定的。

当物理学像通常那样被看作是一门特殊的科学,它的领域就局限于这样一个层面,即光和物质或重力之间的普遍对立。绝对的自然科学在同一个整体之内不仅包揽着已分裂的统一体的这些现象,而且包揽着一个更高层次的世界(亦即有机世界)的现象,通过这个世界的各种产物,整个"主体—客体化"行为在它的两个方面同时显现出来。

第十三讲　论医学研究和普遍的有机自然科学研究

　　按照一个最古老的观点，有机体无非是一个微观的自然界，并且依赖于一种最完满的自身直观；既然如此，一门以有机体为研究对象的科学必须把全部关于自然界的知识凝聚在一个焦点上面，使之浑然一体。几乎在任何时代，对于普遍物理学的认识都被看作是走向有机生命的神庙的必然铺垫和必经之途。之前曾经存在着一些限制，让人们觉得普遍的自然界和有生命的自然界是彼此分隔开的；自从这些限制或多或少被突破以后（这件事情已经足够全面地铺开），物理学本身已经不具有一个关于自然界的普遍理念，而是只懂得用自己的各种猜想给有机自然科学增加负担，使其变得支离破碎，而在这种情况下，它能够给后者提供怎样的一个科学榜样以资借鉴呢？

　　当代对于化学的热烈追捧同样已经把化学当作是一切有机现象的认识根据，把生命本身当作是一个化学演进过程。人们堂而皇之地用"有选择的吸引"（Wahlanziehung）或"结晶"（Kristallisation）去解释生物的最初形成，用"混合造成的变化"（Mischungsveränderungen）去解释有机运动，甚至去解释所谓的感官作用,只不过人们在这样做的时候,首先必须解释一下,"有选择的吸引"和"混合变化"究竟是怎么回事?无疑,假若他们能够回答这个问题,就应该感到心满意足了。

仅仅把自然科学的一个部分嫁接或应用到另一个部分上面,这是行不通的:每一个部分在其自身之内都是绝对的,没有哪一个部分能够从别的部分那里推导出来,而且,只有当在每一个部分里面,特殊东西是通过普遍者以及通过一个绝对的法则而得到理解,所有部分才能够真正合为一体。

自从一段时间以来,不同于自然科学的别的部分那里的情形,人们对于医学已经形成了一个更加普遍的感觉和共识:首先,医学必须成为一门以有机自然界为研究对象的普遍科学,这门科学的其他分割出去的部分全都只是医学的分支;其次,为了给医学提供这个包容性和一个内在的统一体,给予其"科学"的名分,它所依据的那些最基本的原理不应当是经验原理或猜想式原理,而是应当通过自身就具有确定性,亦即应当是哲学原理。但即使在这件事情上,哲学的首要任务也只是让既有的、给定的杂多性形成一个外在的形式统一体,并且给医生——长久以来,医生从事的科学已经通过诗人和哲学家的介入而变得模棱两可——重新带来一个好名声。诚然,布朗①的学说唯一值得称道的地方在于,它拒斥各种经验解释和经验猜想,仅仅认可和贯彻"一切现象的单纯的量的差异性"这一伟大的原理,仅仅

---

① 布朗(John Brown, 1735—1788),苏格兰医生和神经生理学家。他的疾病分类学把各种疾病解释为过强或过弱的激动性的表现,而这又追溯到身体系统遭受的混乱的内外刺激。——译者注

承认从唯一的最初本原那里推论出来的结果,而不承认任何别的东西,与此同时却从未偏移科学的轨道。但单凭这一点,布朗已经在迄今的医学史里面扮演着独一无二的角色,成为这个知识领域里面的一个新世界的创造者。没错,他止步于"激动性"(Erregbarkeit)概念,甚至对这个概念本身不具有一种科学的认识,但是他拒绝一切与此相关的经验解释,并且警告人们不可采取那种败坏哲学的做法,即去从事一种不可靠的原因研究。毫无疑问,布朗在这样做的时候,从未否认有一种更高层面的知识,在那里,"激动性"概念本身能够重新作为一个派生出来的概念而出现,通过一些更高层次的概念而被建构起来,如同他当初也是从这个概念推导出疾病的各种派生形式。

[V, 337]

"激动性"概念是一个单纯的知性概念,它虽然规定了个别的有机物,但并没有规定有机体的本质。尽管绝对观念在有机体那里同时是完全客观的和完全主观的,既显现为身体,也显现为灵魂,但自在地看来,它已经摆脱了一切规定性。至于个别事物,或者说有机的身体(这是绝对观念为自己搭建的一座庙宇),则是可以通过外在事物而得到规定,而且必然得到规定。现在,由于绝对观念照看着有机体之内的形式和本质的统一体(因为在这个统一体里,唯有有机体是绝对观念的象征),所以它通过每一个外来的规定(这些规定造成了形式的变化)而注定要进行重建,随之注定要去行动。简言之,绝对观念始终只是以间接的方式(亦即通过生命的外在条件的变化)可规定,绝不是自在地看来本身就是可规定的。

有机体之所以成为整个"主体—客体化"行为的表现，原因在于，物质在较低的层次上与光相对立，显现为实体，而在有机体之内则是与光结合在一起（在这种情况下，二者只能表现为同一个东西的不同属性），成为有机体的自在体的单纯偶性，随之完全成为一个形式。在"主观性转变为客观性"这一永恒的行为中，客观性或物质只能是偶性，与作为本质的主观性或实体相对立，但在这个对立中，主观性或实体本身失去了绝对性，仅仅显现为（光里面的）相对观念东西。就此而言，有机体作为实体和偶性是完全浑然一体的，如同在"主体—客体化"这一绝对的行为中那样，呈现为一个浑然一体的东西。

物质成为形式——这个原则不仅规定了人们对于本质的认识，也规定了人们对于有机体的个别功能的认识。这些个别功能的范型和活生生的运动的普遍范型必定是同一个范型，只不过正如之前所说的，各种形式和物质自身是浑然一体的，而且完全过渡到物质那里。尽管人们在经验中做出一切尝试，既按照一般的规定也按照特殊的规定来解释这些功能，但在这些尝试里面，我们发现，人们压根就没有想到应当把这些功能理解为普遍的和必然的形式。在这里，诸如"自然界里面偶然存在着一些不可测量的流体"或"有机体的成形以某种偶然的吸引、组合、分解为条件"等等，都是无知的人们在走投无路时的最终避难所。哪怕我们接受这些假设，仍然没有谁能够解释，诸如"收缩"之类的有机运动如何能够从它的机械结构出发而得到理解。诚然，人们早就注意到了有机现象与电的现象的相似性，但由于人们

[V, 338]

不是把它们本身理解为普遍的形式，而是理解为特殊的形式，由于人们也不懂得自然界中的"潜能阶次"（Potenz）概念，所以他们不是把有机现象置于和电的现象相同的层面（更不要说置于一个更高的层面），而是从电的现象推导出有机现象，认为后者是前者造成的结果。在这种情况下，即使我们承认电的本质作为一个行动原则能够解释"收缩"这一独特的范型，但仍然不得不提出一些新的猜想。

运动的各种形式已经在无机自然界里面表现为磁性、电性、化学演进过程，它们是一些普遍的形式，只不过是在那些现象里面以一种特殊的方式显现出来。比如，当它们处在磁性的形态之下时，就呈现为一些单纯的偶性，有别于物质的实体。而当它们在有机体那里获得一个更高层次的形态，它们作为形式同时也是物质自身的本质。

对于形体事物（它们的概念仅仅是它们自身的一个直接概念）而言，万物的无限可能性作为光而位于它们之外，反之在有机体（它的概念同时直接也是其他事物的概念）那里，光落入到事物自身之内，而在这个对比之下，那之前曾经被直观为实体的物质则完全被设定为偶性。

[V, 339]　　现在，要么物质仅仅为观念本原提供了第一个维度，即"基于自身的存在"（in-sich-selbst-Sein）这一维度：在这种情况下，物质也仅仅获得了形式，与之合为一体；有机本质仅仅包含着它自身作为个体或作为种属的无限可能性。要么光在另一个维度里也和重力相联姻：在这种情况下，由于重力是其他事物中存在的

物质，所以物质同时也被设定为偶性，而有机本质则包含着其他外在事物的无限可能性。在第一种关系亦即"复制关系"里，可能性和现实性都被限定在个体上面，随之是合为一体的，而在第二种关系亦即"独立运动关系"里，个体超越自己的界限，走向其他事物，也就是说，可能性和现实性在这里不可能出现在同一个东西之内，因为其他事物应当被明确设定为"其他"事物，即位于个体之外的事物。但是，如果这两种先行的关系在一个更高层次的关系那里结合起来，如果其他事物的无限可能性同时作为现实性而出现在那些事物之内，这样的话，整个有机体的最高级功能就被设定下来了；物质在每一种情况下都完全是本质（观念东西）的偶性，而本质或观念东西本身是创造性的，因此当它在这里与一个有限的物相关联，就既以观念的方式，同时也以感性的方式进行创造，亦即进行直观。

正如普遍的自然界也是立足于一种神性的自身直观，是这种直观的产物，同样，在那些活生生的本质里面，这个永恒的创造活动已经使自身成为一种可见的和客观的东西。我们几乎不需要去证明，在一个更高层面的领域亦即有机自然界里（在这里，自然界天然具有的精神已经突破各种限制），任何一个以普通的"物质"观念为基础的解释，还有一切以很勉强的方式对低级现象做出解释的猜想，都是完全不充分的。正因如此，经验已经把这个领域逐步完全清扫干净，在一些方面乔装为二元论，在另一些方面拿目的论来做幌子。

一旦人们认识到有机功能的形式的普遍性和必然性，就会认识到,这些功能相互之间的关系所遵循的规律既在个体那里,也在整个有机物世界里面得到规定,而对于这些规律的认识是最基本和最重要的认识。

　　从规律的角度来看,个体遭受着某个界限的限制,它不可能逾越这个限制,否则它的持存,作为一个产物,就将是一件不可能的事情:这就是疾病的起因。这个状态的建构是普遍的有机自然科学的一个必要的组成部分,而且不应当脱离人们所说的那种"生理学"。如果达到最高层次的普遍性,这个建构就能够完全摆脱有机体里面可能性和现实性的最高对立,不受二者的平衡带来的影响:至于疾病的各种特殊形式和特殊现象,人们只能依据有机活动的三个基本形式,通过考察其相互关系的变化而对它们加以认识。存在着一个双重化的有机体关系,我希望把前一个层面称之为"自然关系",因为它既是生命的内在因素之间的一种纯粹量化的关系,同时也是有机体与自然界和外在事物之间的关系。至于后一个层面,我称之为"神性关系",因为它是两个因素与三个维度之间的关系,并且标示着完满性,而在这种情况下,有机体是宇宙的一个形象,是绝对者的一个表现。布朗仅仅反思到了前一个层面的关系,以为这对于医学艺术来说是一种最重要的东西,但正因如此,后一个层面的关系并没有被明确地排除在外,它的规律教导医生认识到各种形式各自的根据、混乱关系最初的和最根本的来源,并且指导着医生对于药方的选择,让他知道,如果缺乏抽象的能力,就既不会理解各种药方的特殊作用,也不会理解疾病的特殊现象。不言而喻,按照这个观点,医药学也不是一种独立的科学,毋宁仅仅是那种以有机自然界为研究对象的普遍自然科学的一个因素。

实际上,我只需要复述一些杰出人士不厌其烦说过的话,就可以证明,这种意义上的医学科学不仅以精神的整个哲学教化为前提,而且以各种哲学原理为前提。如果除了这些普遍理由之外,还需要别的什么东西,以便让明白人更加服膺这个真理,那就是如下的这些考察:首先,实验作为经验建构的唯一可能的方法,根本不适用于医学;一切所谓的医学经验就其本性而言都是模棱两可的,人们绝不可能借助这类经验来裁断一种学说究竟是不是有价值,因为无论在什么情况下,经验都有可能遭到了错误的使用;其次,无论是在知识的这个领域还是在别的领域里,经验都是通过理论才成为可能的,比如自从激动性理论出现之后,人们对于之前的全部经验就立即形成了一个全然不同的观点。如果不嫌啰唆,我们还可以看看某些人的著作和成果,他们对于科学的最基本原理一无所知,却在时代力量的挟裹之下提出一种新的学说;尽管他们自己也不理解这种学说,但仍然希望通过著作或授课来宣讲这些东西,为此甚至遭到学生的嘲笑,因为他们企图把那些势不两立和相互矛盾的东西结合在一起,而且把科学的内容当作历史学对象来处理;他们大谈"证明",但他们永远只具备讲故事的能力。对于这些人,盖仑① 当初在面对医生集会时所说的那些话是完全适用的:"你们如此缺乏训练

[V, 341]

---

① 盖仑(Claudius Galenus,129—205),古罗马著名的医生、动物解剖学家和哲学家。其在古代医学史上的地位仅次于"西方医学之父"古希腊的希波克拉底(Hippocrates)。——译者注

和教养,却如此肆无忌惮和匆忙地去做证明,哪怕你们根本不知道'证明'是怎么回事。"——既然如此,我们怎么可以**继续**和这些无理性的群畜争论,把自己的时间浪费在这些无可救药的人上面呢!

[V, 342]　　同样一些规律,既规定着疾病的各种变形,也规定着那些普遍的、常驻的转化,亦即自然界在创造不同的种属时带来的转化。也就是说,这些种属同样也是仅仅依赖于同一个基本范型在不断改变着的关系里面的持续重现。很显然,医学为了让自己完全消融在一种普遍的有机自然科学里面,首先必须像真正的自然史把实在的有机体种类建构起来那样,以同样明确的方式把观念的有机体(即疾病)种类建构起来,而在这种情况下,医学和自然史必定显现为两个相互契合的东西。

　　既然有机体的历史学建构是紧随那个创造性精神而穿行在精神的迷宫之中,那么它除了提供外在塑造的形式之外,还能够提供别的什么东西呢?不管怎样,按照"主体—客体化"的永恒法则,外在东西在整个自然界里面都是内核的表现和象征,它和内核一样,既是合乎规则的、明确的,也是不断变化着的。

　　有机的—创造性的自然界的真正历史留下了一些纪念碑,这就是从植物直到最顶端的动物等活生生的构造的可见形式。迄今为止,人们在一种片面的意义上把对于这些形式的认识称之为"比较解剖学"。我们毫不怀疑,在这类知识里面,"比较"是最基本的指导原则,问题在于,人们不应当拿一个经验的模版来做比较,更不应当拿人的构造来做比较,因为人的构造不仅在某些方面是一种最完满的构造,而且已经站在了有机组织的边界。诚然,把解剖学从一开始就完全限定在人体解剖学上面,这个做法有一定用处(这是医疗术非常看重的一个用处),有一个光明正大的理由,因为人的有机组织是一个如此隐秘的东西,以至于为了让人体解剖学达到其当前具有的完满程度,人们必须拿它和别的有机组织进行比较。但从另一个方面看,这种做法对于科学自身而言却是毫无助益的,因为人体解剖学通过自己的高端性和复杂性干扰了其他解剖学的视角,导致它们很难上升到一些单纯的和普遍的观点。一旦人们自缚手脚,他们就根本不可能解释,为什么个别事物具有一个如此复杂的构造。这种无知导致了原本应当作为外在东西和内核而相互契合的解剖学和生理学的分裂,人们在课堂上以一种完全机械的方式讲授解剖学,而这种讲课方式在绝大多数教科书和学术机构里面都占据着统治地位。

如果一位解剖学家希望自己同时是一位自然科学家,并且在一个普遍精神的指导下从事科学研究,那么他必须首先认识到,只有摆脱和超越普通观点之后,才能够真正以历史学的方式 [V, 343] 陈述出那些现实的形式。他必须理解把握到一切形态的象征性因素,并且知道,即使在特殊东西那里,也总是有一个普遍的形式表现出来,正如在外在东西那里,总是有一个内在的范型表现出来。他不应当追问这个或那个官能的"用处",而是应当追问官能的"起源",随后揭示出其形成过程的纯粹必然性。在推导形式的创生过程的时候,他所依据的各种观点愈是普遍,就愈是不考虑特殊情况,而他也会愈加深切地掌握和理解自然界在其如此之多的构造里面体现出来的妙不可言的质朴性。无论如何,一旦他为上帝的智慧和理性感到赞叹,就绝不会为自己的无知和非理性感到沾沾自喜。

但愿他始终持有这个理念:一切有机组织是一个统一体,具有内在的亲和性,万物起源于唯一的原型,虽然这个原型的客观方面是变动不居的,但是它的主观方面是永恒不变的。他应当把这些理念的呈现当作是自己唯一的、真正的事业。他应当首先关注那种变动所依据的法则:他将会认识到,自在地看来,原型始终保持为同一个东西,至于那个将其表现出来的东西,仅仅在形式上是变动不居的,正因如此,总量不变的实在性被注入到一切有机组织里面,仅仅以不同的方式被分享;他也会认识到,一个形式之所以隐退,是因为另一个形式出现,一个形式之所以获得优势地位,是因为另一个形式退缩。他将会通过理性和经验而为自己勾勒出全部内在维度和外在维度——创造性冲动就投射在这些维度里面——的一个范式,而他的想象力也会因此获得全部有机组织的一个原型,这个原型在其最靠近边界的地方是不动的,但在边界之内却具有最大的行动自由。

假若有机自然界的历史学建构在自身内达到了完满,它就会使普遍的有机自然科学的实在方面或客观方面成为自然界中理念的完满表现,并通过这个方式使二者真正合为一体。

第十四讲　论艺术科学与学术研究的关系 [V, 344]

　　艺术科学暂且可以意味着艺术的历史学建构。在这个意义上，它必然要求一个外在的条件，即对现有的各种艺术丰碑做出直接的直观。对诗歌艺术作品而言，这种直接直观是普遍可能的，因此在这种情况下，艺术科学，作为语文学，被明确列为学术授课的对象之一。尽管如此，这个意义上的语文学在大学里面是最少被传授的，而这并不值得惊奇，因为语文学是一门比肩于诗歌的艺术，而且语文学家所需要的天赋一点也不亚于诗人。

　　至于造型艺术作品的历史学建构的理念，在大学里就更加稀罕难寻了，因为大学里面没有条件对造型艺术作品做出直接的直观，相应地，如果人们仅仅出于对这些艺术作品的敬意，在丰富文献的支持下试着讲授这方面的课程，这些课程就自己把自己限定在艺术史的单纯博学上面。

　　大学不是艺术院校。因此在大学里面，人们更不可能为了实践的或技术的目的而讲授艺术科学。

　　那么就只剩下一种完全思辨的科学，其目标不是要培养对于艺术的经验直观，而是要培养对于艺术的理智直观。但为了达到这个目标，恰恰需要以艺术的哲学建构为前提，而对于这一 [V, 345]

点,无论是哲学方面还是艺术方面都产生出一些重要的疑虑。

哲学家的理智直观应当仅仅指向那种肉眼不可企及的、唯有通过精神才能够把握的隐秘真理,因此,当他研究艺术科学的时候,假若他从一开始接触到的就是那种只希望制造出美好假象的艺术,他就会要么仅仅把艺术的各种虚假摹本揭示出来,要么像绝大多数人那样,以一种完全感性的方式来看待艺术,把艺术看作是一种感官刺激,看作是一种休闲娱乐(以抚慰那些为了庄严事业而疲于奔命的精神),看作是一种舒适的激励,这种激励之优于所有别的激励的地方在于,它是通过一个更柔和的媒介而发生的。在这种情况下,哲学家必定会认为,艺术不仅是感性冲动的一个产物,而且是一种更加值得谴责的腐败和文明。按照这种艺术观,哲学家只有通过决绝地咒骂艺术,才能够让自己和那种僵化的感性划清界限,因为艺术恰恰容忍这种僵化的感性。

这里我要谈论的是一种更神圣的艺术,按照古人的说法,这种艺术是诸神的一个工具,它把神性的奥秘颁布出来,把理念、无遮蔽的美揭示出来,而美仅仅在纯粹灵魂的内部放射出纯洁无瑕的光芒,它的形态和真理的形态一样,都是肉眼不可企及的、隐蔽起来的。至于普通人所说的那种"艺术",不可能是哲学家的研究对象:对哲学家而言,那种"艺术"仅仅是一个从绝对者那里直接流溢出来的必然现象,除非它能够呈现出自己原本的样子,并且得到证明,否则哲学家不会认为它具有实在性。

"但是,神一般的柏拉图本人在他的《理想国》里,岂不是已经咒骂模仿性艺术,把诗人——这些成员不仅是无用的,更是败坏人心的——驱逐出他的理性之国？既然哲学王已经宣判诗歌 [V, 346] 和哲学是不共戴天的,还有什么权威能够说出比这更具有说服力的论断呢？"

  事情的根本关键在于,要认识到柏拉图从怎样一个特定立场出发,对诗人做出那个评判。因为,如果说已经有一个哲学家注意到了各种立场的分歧,那么这个哲学家就是柏拉图。如果我们和普通人那样对各种立场不加区分,尤其是在这里不加区分,就既不可能理解柏拉图的言论背后错综复杂的背景的丰富意义,也不可能把他的著作中关于同一个对象的自相矛盾的言论统一起来。我们必须从一开始就做出决断,把更高级的哲学(尤其是柏拉图的哲学)看作是古希腊文化中的一个决定性对立面,它不仅与宗教的感性表象相抗衡,而且与那些客观的、完全实在的国家形式相抗衡。至于在一个完全理想性的、仿佛内在的国家(比如柏拉图的理想国)里面,是不是能够以另一种方式谈论诗歌,以及柏拉图为诗歌给出的那个限制是不是一个必然的限制,如果我们要回答这些问题,恐怕就会离题太远了。简言之,只要所有公开形式与哲学相对立,哲学就同样必定会与它们相对立,在这件事情上,柏拉图既不是最早的例子,也不是唯一的例子。从毕达哥拉斯(或更早)开始,一直到柏拉图以降,哲学都把自己看作是希腊地基上的一株外来植物,而这种感觉已经在一种普遍的冲动中表现出来。这种冲动指引着那些或者通过早先哲学家的智慧,或者通过一种更高层次的神秘学而参悟的人,带领他们走向理念的祖国,走向东方。

但是,即使我们不考虑这个单纯历史学的而非哲学的对立,又或者说,哪怕我们承认这是一个哲学的对立,那么柏拉图对于诗歌艺术的谴责——尤其是和他在另一些著作中对迷狂诗歌的赞美相比较——岂非恰恰是在反对诗人的实在论,并且预见到了整个精神尤其是诗歌的后来路线?无论如何,柏拉图在《理想国》里面的那个评判根本不能应用到基督教诗歌身上,因为基督教诗歌总的说来明确承载着无限者的特性,正如古代诗歌总的说来承载着有限者的特性。柏拉图不可能知道基督教诗歌和古代诗歌的对立,所以我们能够比他更准确地规定古代诗歌的界限。正因如此,我们比柏拉图具有一个更全面的关于诗歌的理念,并且能够对诗歌进行建构。在柏拉图看来,他那个时代的诗歌里有些东西是应当遭到谴责的,但在我们看来,这些东西仅仅是那些诗歌的一个美丽的局限性。我们之所以能做到这些超越,只不过是受益于后来时代的经验,找到了柏拉图以预言的方式所寻求的东西。基督教,加上那种以精神世界为旨归的意向——这种意向在古代诗歌那里既不能得到完全的满足,也不可能依靠自己而找到呈现的手段——为自己创造出了一种独特的诗歌和艺术,并在其中得到满足:这就为我们提供了条件,能够对艺术(包括古代艺术)具有一个完整的和完全客观的认识。

由此可见,艺术的建构不仅应当是全部哲学家的对象,尤其应当是基督教哲学家的对象,后者必须把这当作是自己的事业,以便衡量和呈现艺术的宇宙。

但现在的问题是,为了摆脱这个对象的另一个方面,哲学家这边有能力贯穿艺术的本质,真正将其呈现出来吗?

"我经常听到有人问,除了那个亲自被这团神圣火苗灼烧的人,谁有资格去谈论那个驱动着艺术家的神性本原,那个为其著作注入生命的精神性气息呢?人们能够尝试对那个其起源不可把握、其作用神奇无比的东西进行建构吗?人们能够把那个在本质上不承认任何法则,而是仅仅承认自身的东西,置于法则之下,对其做出规定么?或者说,既然天才不可能通过法则而被创造出来,岂不是同样不可能通过概念而得到理解?谁有胆量超越那个在整个宇宙里显然是最自由、最绝对的东西,获得一个思想,谁有胆量突破终极界限,扩展自己的视野,并在那里划下新的界限?" [V, 348]

如果一个狂热的人仅仅通过艺术的影响来理解艺术,却没有真正认识到艺术自身,而且不知道哲学在宇宙里面拥有的地位,就有可能发出上述言论。因为,即使我们承认,艺术不可能通过一个更高层次的东西来理解,但宇宙却具有这样一条如此彻底和如此强大的法则,即一切包揽在宇宙之内的东西都在别的东西之内拥有自己的原型和映像,同样,实在东西和观念东西的普遍对立也具有一个如此绝对的形式,即哪怕在无限者和有限者的终极界限那里,当现象的对立消失在最纯粹的绝对性之内,同样的关系也仍然坚持着自己的权利,并在最终的潜能阶次那里重新出来。这个关系就是哲学和艺术的关系。

诚然,艺术是一个完全绝对的东西,是实在东西和观念东西的完满的一体化塑造(Ineinsbildung),但在和哲学的关系中,它又处于实在东西的地位,而哲学则是处于观念东西的地位。在哲学里面,知识的终极对立消融在纯粹同一性之内,尽管如此,当哲学与艺术相互对立,她也始终只能是一个观念东西。也就是说,哲学和艺术是在一个最高峰相遇的,并且凭借它们共同的绝对性而成为彼此的原型和映像。正因如此,没有什么领悟力能够比哲学的领悟力以科学的方式更加深入到艺术的内核之中,甚至可以说,哲学家比艺术家本人更能看清艺术的本质。由于观念东西始终是实在东西的一个更高层面的反映,所以艺术家那里的实在东西也必定在哲学家这里有一个更高层面的、观念的反映。由此可知两点:第一,在哲学里面,艺术能够成为一种知识的对象;第二,如果脱离哲学,或者说,如果不借助哲学,那么艺术中的任何东西都不可能以绝对的方式被认识到。

[V, 349] 　　同一个本原,它在艺术家那里是一种客观的东西,而在哲学家这里则是一种主观的反映,正因如此,艺术家不是以主观的或自觉的方式去对待那个本原;实际上,他当然也能够通过一个更高层面的反映而意识到本原,但假若他这样做了,就不再是一位艺术家了。作为艺术家,他是受本原驱动的,而且恰恰因此不拥有本原;当他作为艺术家对于本原具有一个观念的反映,就会随之上升到一个更高的潜能阶次,但作为艺术家,他在这个潜能阶次上面仍然始终表现为一个**客观东西**:在他那里,主观东西重新走向客观东西,正如在哲学家这里,客观东西不断地被纳入到主观东西之内。因此,如果不考虑哲学和艺术的内在同一性,那么

可以说,哲学始终且必然是科学,亦即一个观念东西,而艺术始终且必然是艺术,亦即一个实在东西。

如果仅仅从一个客观的立场来看,或者说,如果从这样一种哲学的立场来看(这种哲学在观念领域里并没有达到艺术在实在领域里达到的高度),那么确实很难理解,哲学家如何能够追踪艺术的来龙去脉,甚至来到其秘密的最初源头,进入其最初的诞生地。有些规则是天才可以置之不理的,因为它们仅仅是由一个机械的知性制定的;天才是自律的,他仅仅规避外来的立法,而不是规避自己的立法,因为,只有当他是最高的合法性,他才是天才;哲学恰恰在天才身上认识到一种绝对的立法,它不仅本身是自律的,而且扩展为一切自律的本原。无论在什么时代,人们都已经发现,真正的艺术家的举止表现和自然界是一模一样的:安静、单纯,从事一种伟大而必然的活动。那些狂热的人仅仅看到艺术家是一些不受规则约束的天才,但这个观点是通过反思才产生出来的,因为反思只能认识到天才的否定方面;这种狂热劲是一种经过倒手的东西,不是那种给艺术家带来生命和灵魂的迷狂,后者不但具有神一般的自由,同时也遵循着最纯粹和最高的必然性。

现在的问题是,即使哲学家最适合去呈现艺术的那种不可把握的因素,认识到艺术中的绝对者,他是不是同样也有能力去把握艺术中的可把握的因素,并且用法则去规定这个东西呢?我指的是艺术的技艺方面:也就是说,哲学能够屈尊俯就,去讨论艺术的具体创作过程及其手段和条件之类的经验因素吗? [V, 350]

一种完全且仅仅与理念打交道的哲学，在面对艺术的经验因素时，只能揭示出现象的普遍法则，而且只能按照理念的形式揭示出这些法则，因为艺术的形式就是自在之物的形式，就是自在之物在原型里的样子。既然我们能够一般地从宇宙出发认识到这些自在且自为的形式，那么它们的呈现就是艺术哲学的一个必要组成部分，但在这种情况下，艺术哲学并没有包含着艺术实践的具体创作过程的规则。因为总的说来，艺术哲学就是按照艺术的形式而呈现出那个绝对的世界。只有理论才与一个特殊东西或一个目的直接相关联，只有通过理论，一件事情才能够在经验中得到实施。与此相反，哲学是一个绝对无条件的东西，不具有任何外在的目的。或许有人会争辩道，正是艺术的技艺因素使得艺术成为真理的映现，唯其如此，哲学家才能够把这个成果夺取过来。对此我们的答复是：这个真理只不过是一个经验的真理，反之哲学家在艺术那里应当认识并且应当呈现出来的真理，是一个更高层面的真理，即理念的真理，它和绝对的美是同一个东西。

　　当今时代企图通过反思而重新开启艺术的那些被封死的源头，在这个时代，艺术评判必然会陷入一个甚至对最基本的概念都争执不休的状态，这个状态使得我们加倍地期待，一种绝对的艺术观在对待那些把艺术表现出来的形式时，同样以科学的方式，从一些最基本的原理出发，贯彻到底。只要这件事情还没有发生，那么不管是在对于艺术的评判还是在对于艺术的需求中，除了那种本身就平庸无聊的东西之外，也可能存在着一些狭隘的、片面的、叽叽歪歪的东西。

艺术的建构必须具体涉及艺术的每一个特定的形式,通过时代的条件来亲自规定这些形式,这样一来,它就过渡到历史学建构。一旦宇宙的普遍二元论在这个领域(亦即古代艺术和近代艺术的对立)中也被呈现出来,并且以最重要的方式(部分借助于诗歌本身,部分借助于艺术)表明自己的有效性,人们就再也不会怀疑,这种建构不仅是完全可能的,而且必须扩展到整个艺术史里面。一般说来,建构意味着扬弃各种对立,而那些通过艺术的时代依赖性而被设定在艺术之中的对立,就和时代自身一样,必定是一种无关紧要的、单纯流于形式的东西。既然如此,科学的建构要做的工作,就是把那个共同的统一体(这是各种对立的源头)呈现出来,随之超越那些对立,把自己提升到一个更加无所不包的立场。[V, 351]

无论如何,人们不应当把这种对于艺术的建构拿来和当代所谓的"美学"(一种以美的艺术和科学为研究对象的理论)或其他名称的理论相提并论。在"美学"这一名称的原创者①那里,其最普遍的原理至少还包含着美的理念的一丝痕迹,把"美"看作是无限者在具体的肖像世界中的显现。从此以后,这个理念愈加明确地被看作是一个依赖于道德和功用的东西,类似于在一些心理学理论里面,很多心理现象从一开始就被当作是无聊的遐想或迷信,随之遭到抛弃。在这之后,康德的形式主义虽然

---

① 鲍姆伽登(Alexander Baumgarten, 1714—1762),德国哲学家。他在两卷本《美学》(Ästhetik, 1750—1758)中第一次提出了"美学"(原意为"感性学")的概念,因此被看作是现代美学的奠基人。——译者注

提出了一个更高层次的新观点，但同时也催生出大量跟艺术毫不沾边的艺术理论。

一些杰出的心灵已经撒播下一种真正的艺术科学的种子，虽然这些种子尚未生长为一个科学的整体，但这个东西毕竟是可以期待的。如果一位哲学家把艺术当作一面魔幻的、具有象征意义的镜子，在其中直观到他的科学的内在本质，他就必然会把艺术哲学当作自己的一个目标。对他来说，艺术哲学作为一种科学，就和自然哲学一样，具有一种自在且自为的重要性，因为艺术哲学把一切产物和现象中最值得关注的那些东西建构起来，或者说把一个和自然界一样在自身之内达到完满的世界建构起来。通过艺术哲学而获得灵感的自然科学家认识到形式的真正原型，他发现，这些原型在自然界里面仅仅以模糊的方式表现出来，但在艺术作品和艺术创造出感性事物的方式中，却是以一种形象生动的方式亲自显现出来。

艺术和宗教已经结成一个内在的联盟。但这里有两件不可避免的事情：首先，我们只能在宗教的范围之内并且通过宗教而给予艺术一个诗的世界，其次，我们只能通过艺术而使宗教成为一个真正客观的现象。在这种情况下，即使对于真正的宗教因素而言，一种科学的艺术哲学也是必不可少的。

最后，对于一个直接或间接地参与到国家管理中的人而言，如果他完全缺乏对于艺术的鉴赏力，同时不具有对于艺术的真正知识，这也是一个巨大的耻辱。众所周知，王公贵族们最推崇的东西莫过于艺术，既然如此，如果他们看到那些本来有能力让艺术达到高度繁荣的人，却把这些能力用在各种毫无趣味的、野蛮粗俗的、蛊惑人心的低贱事物上面，一定会觉得这是一件最可悲和最值得咒骂的事情。诚然，并不是每一个人都能够认识到，对于一个依据理念而设计的国家制度来说，艺术是其必然的和不可分割的组成部分，但古代世界至少会提醒人们注意到这一点，因为古代的那些普遍庆典、那些具有永恒意义的纪念碑、戏剧以及公众生活的一切行动，都仅仅是唯一的一个普遍的、客观的、活生生的艺术作品的不同分支。

人名索引

（说明：条目后面的页码是指德文版《谢林全集》的页码，即本书正文中的边码。）

A

Aristophanes 阿里斯托芬 V, 156
Aristoteles 亚里士多德 V, 156, 227

B

Beatrice 贝阿特丽切 V, 155, 162
Bocccaccio, Giovanni 薄伽丘 V, 160
Bouterwerk, Fr. L. 布特尔维克 V, 163
Brown, John 布朗 V, 336-337, 340

C

Cartesius, Renatus 笛卡尔 V, 116, 227, 273-274, 319
Constantin 君士坦丁大帝 V, 297

D

Dante, Alighieri 但丁 V, 152-163, 302

E

Epikur 伊壁鸠鲁 V, 319
Euklid 欧几里德 V, 231, 244, 254
Euler, Leonhard 欧拉 V, 332

F

Faust 浮士德 V, 156
Fichte, J. G. 费希特 V, 113, 125, 140-141, 143, 149, 316

人名索引 257

G

Galenus 盖仑 V, 341
Gibbon, Edward 吉本 V, 312
Goethe, J. W. von 歌德 V, 226, 246, 308

H

Herodotus 希罗多德 V, 308, 311
Homer 荷马 V, 154, 247, 308, 321
Horaz 贺拉斯 V, 261, 263
Höyer, B. K. 霍伊尔 V, 125 ff.

J

Jacobi, Fr. H. 雅各比 V, 109
Josephus, Flavius 约瑟夫 V, 296

K

Kant, Immanuel 康德 V, 110, 125, 127-140, 143, 150, 230, 270, 276, 283, 299-300, 309, 315, 332, 351
Kepler, Johannes 开普勒 V, 227, 328-329

L

Leibniz, G. W. 莱布尼茨 V, 130, 273
Lessing, G. E. 莱辛 V, 250, 294
Lichtenberg, G. Ch. 李希滕贝格 V, 231

M

Machiavelli, Niccolo 马基雅维利 V, 312
Müller, Johannes von 缪勒 V, 312

N

Newton, Isaac 牛顿 V, 230, 244, 321, 328, 330

P

Paulus 保罗 V, 300
Perikles 伯利克里 V, 308
Platon 柏拉图 V, 123, 129, 157, 298, 315, 345-347
Polybius 波利比奥斯 V, 308
Ptolemaeus 托勒密 V, 156

Pythagoras 毕达哥拉斯 V, 217, 346

R
Reinhold, C. L. 莱茵霍尔德 V, 109

S
Shakespeare, William 莎士比亚 V, 271
Sokrates 苏格拉底 V, 123, 140, 263
Solon 梭伦 V, 226
Spinoza, Baruch 斯宾诺莎 V, 126-127, 142-143, 273
Steffens, Henrich 斯迪芬斯 V, 329

T
Tacitus 塔西佗 V, 308
Thukydides 修昔底德 V, 308, 311

U
Ugolino 乌戈里诺 V, 156
Ulysses 尤利西斯 V, 156

V
Vergil 维吉尔 V, 161

W
Wolf, Fr. A. 沃尔夫 V, 247
Wolff, Christian 沃尔夫 V, 127

主要译名对照

A

Abdruck 摹本
Abfall 堕落
Abseits 彼岸世界
Absicht 意图
das Absolute 绝对者
Absolutheit 绝对性
Accidens 偶性
Ahndung 憧憬
Akademie 学术机构
akademisch 学术的
All 大全
Allheit 大全
Anatomie 解剖学
Anschauung 直观
  - intellektuale Anschauung 理智直观
  - intellektuelle Anschauung 理智直观
Anschauungsweise 直观方式
an sich 自在的,自在地看来
An-sich 自在体
Anstoß 阻碍,激励
Atomismus 原子论
Ausdehnung 广延

B

Band 纽带
Befreiung 解脱,摆脱
Begriff 概念
Bejahung 肯定
Beschreibung 描述
Bestimmtheit 规定性
Bestimmung 规定,使命

Betrachtung 观察
Betrachtungsweise 观察方式
Beziehung 关联
Bild 形象,图像,肖像

D
Dämon 神明
Dasein 实存,存在
Dauer 延续,绵延
Denken 思维
Denkungsart 精神境界
Differenz 差异
Diesseits 此岸世界
Ding 物,事物
Dogmatismus 独断论
doppelt 双重的
Dreieinigkeit 三位一体
Dualismus 二元论

E
eigen 私己的
Eigenheit 私己性
Ein- und Allheit 大全一体
Einbilden 内化
Einbildung 内化、想象
Einbildungskraft 想象力
Einheit 统一性,统一体
Einrichtung 制度
einweihen 参悟
einzeln 个别的
Einweihung 参悟,祝圣仪式
Emanation 流溢
Emanationslehre 流溢说
Empirismus 经验论
Endabsicht 终极目的
das Endliche 有限者
Endlichkeit 有限性
Entschluß 决断
Entzweiung 分裂
Epos 史诗
Erde 大地,地球
Erfahrung 经验
Erkennen 认识活动
Erkenntnis 认识
Erklärungen 解释
Erscheinung 现象

esoterisch 隐秘的
ewig 永恒的
das Ewige 永恒者
Ewigkeit 永恒,永恒性
Existenz 实存
exotersich 显白的
Experiment 实验

F

Folge 后果
Form 形式
Freiheit 自由
für sich 自为,自顾自,独自

G

das Ganze 整体
Gattung 种属
Gebot 诫命
Geburt 诞生,降生
Gedanke 思想
Gedankending 思想物
Gefühl 情感
gegeben 给定的

Gegenbild 映像
Gegenstand 对象
Gegenwart 临在
gegenwärtig 当前的
Geist 精神
geistig 精神性的
Geschichte 历史
Geschlecht 种族
Glaube 信仰
Gott 上帝,神
Götter 诸神
gottgleich 等同于上帝
Gottheit 神性
göttlich 上帝的,神性的,神圣的
das Göttliche 神性
Grund 根据

H

Halbphilosophie 半吊子哲学
Handeln 行动
Handlung 行动
Harmonie 和谐

- prästabilierte Harmonie 前定和谐
Heidentum 异教
Hingabe 献身
Historie 历史学
historisch 历史学的
Hylozoismus 物活论

I

Ich 我,自我
Ichheit 自我性
ideal 观念的,观念意义上的
das Ideale 观念东西
Idealität 理念性
Idealismus 唯心论
Idee 理念
Ideenwelt 理念世界
Identität 同一性
Identifikation 等同
in sich selbst 自身之内,基于自身
Indifferenz 无差别
Individualität 个体性

Institut 机构
Irreligiosität 宗教败坏状态

J

Jurisprudenz 法学

K

Konstruktion 建构
Kritizismus 批判主义
Kunst 艺术

L

Leben 生命
Lehre 学说,教导
Lehrgedicht 宣教诗
Leib 身体
Leiblichkeit 身体性
Licht 光

M

Materie 物质
Medizin 医学
Mittel 中介,手段

Mitteilung 分有, 分享
Möglichkeit 可能性
Monade 单子
Motiv 动机
Mysterien 神秘学
Mysterium 奥秘
Mystik 神秘学
Mythologie 神话

N

Natur 自然界, 本性
Naturen 自然存在者
Naturforscher 自然科学家
Naturlehre 自然科学
Naturphilosophie 自然哲学
Naturwissenschaft 自然科学
Nichtabsolutheit 非绝对性
Nichtigkeit 虚妄, 虚无
Nichtphilosophie 非哲学
Nichts 虚无
Notwendigkeit 必然性

O

Objekt 客体
objektiv 客观的
Occasionalismus 机缘论
Offenbarung 启示
öffentlich 公开的, 公众的
Organ 官能
Organisation 有机组织
Organismus 有机体

P

Phänomen 现象
positiv 肯定的、官方的
Potenz 潜能阶次
Prinzip 本原
Prius 前提, 先行者
Produzieren 创造
Propädeutik 导论

R

Raum 空间
real 实在的, 实在意义上的
das Reale 实在东西

Realismus 实在论
Realität 实在性
Reflexion 反思
Reinigung 净化
Relation 关联
Religion 宗教
Resultat 结果

das Selige 极乐者
Seligkeit 极乐
Sinnenwelt 感官世界
sinnlich 感性的
Sittengebot 道德律
Sittlichkeit 道德
Spekulation 思辨
Sphäre 层面
Staat 国家

S

Sache 事情
Schauen 直观
Schicksal 命运
schlechthin 绝对的
Schwere 重力
Seele 灵魂
Sehen 观看
Sehnsucht 渴慕
Selbstbewußtsein 自我意识
Selbsterkennen 自我认识
selbstgegeben 自行给定的
Selbstheit 自主性
Selbstrepräsentation 自我呈现
selig 极乐的

stetig 持续不断的
Stetigkeit 延续性
Stoff 质料
Studium 研究
Stufe 层次
Subjekt 主体
subjektiv 主观的
Substanz 实体
Substrat 基体
Sündenfall 原罪
Symbol 象征
Symbolik 象征系统
symbolisch 象征性的

T

Tat 行为
Tathandlung 原初行动
Tatsache 事实
Teilnahme 参与，分享
Theologie 神学
Totalität 总体性
Trägheit 惰性
Tugend 德行
Tun 行动

U

Übel 灾难
Übergang 过渡
Überlieferung 传承
übersinnlich 超感官的
Unding 莫名其妙的东西
das Unendliche 无限者
Unendlichkeit 无限性
Universum 宇宙
Unphilosophie 非哲学
Ursprung 起源
Urwesen 原初本质

Urwissen 原初知识

V

Veranstaltung 安排
Verfassung 制度
Vergangenheit 过去
Verhältnis 关系，情况
Verhängnis 厄运
Vernunft 理性
Vernunftbetrachtung 理性观察
Vernunftmensch 理性人
Verstand 知性
Vollendung 完满
Volksglaube 民间信仰
Volksreligion 民间宗教
Vorsehung 天命
Vorstellung 表象，观念

W

das Wahre 真相
Wahrheit 真理
Weltbild 世界图景
Weltordnung 世界秩序

Weltsystem 世界体系
Werkzeug 工具
Willkür 意愿选择
Wirklichkeit 现实性
Wissen 知识
Wissenschaft 科学
    positive Wissenschaften 官方科学
Wissenschaftslehre 知识学

Z

Zeit 时间
Zeitleben 时间中的生命
zeitlich 应时的，短暂的
zeitlos 与时间无关的
Zentralpunkt 中心点
Zentrum 核心
Zukunft 未来